U0151172

深度学习及加速技术

入门与实践

白 创◎编著

Deep Learning and Acceleration Techniques

An Hands-on Introduction

机械工业出版社

CHINA MACHINE PRESS

图书在版编目（CIP）数据

深度学习及加速技术：入门与实践 / 白创编著. —
北京：机械工业出版社，2023.4
（智能系统与技术丛书）
ISBN 978-7-111-72871-9

Ⅰ．①深…　Ⅱ．①白…　Ⅲ．①机器学习　Ⅳ.
① TP181

中国国家版本馆 CIP 数据核字（2023）第 052171 号

机械工业出版社（北京市百万庄大街22号　邮政编码100037）
策划编辑：刘　锋　　　　　　责任编辑：刘　锋
责任校对：张亚楠　卢志坚　　责任印制：邵　敏
三河市宏达印刷有限公司印刷
2023年6月第1版第1次印刷
186mm×240mm・13印张・281千字
标准书号：ISBN 978-7-111-72871-9
定价：69.00元

电话服务　　　　　　　　　网络服务
客服电话：010-88361066　　机　工　官　网：www.cmpbook.com
　　　　　010-88379833　　机　工　官　博：weibo.com/cmp1952
　　　　　010-68326294　　金　书　网：www.golden-book.com
封底无防伪标均为盗版　　　机工教育服务网：www.cmpedu.com

前　言

　　近年来，随着深度神经网络算法的发展，人工智能应用的热潮席卷全球，以深度学习为基础的信息搜索、图像处理、机器视觉、自然语言处理、信息推荐、智能决策等技术已逐步应用在智能金融、机器人、智能安防、智能制造、智慧交通、在线传媒、在线娱乐等领域，推动了人工智能产业的飞速发展。

　　人工智能产业作为战略新兴产业得到我国政府的高度重视，2015 年以来国家先后出台了《关于积极推进"互联网＋"行动的指导意见》《"十三五"国家科技创新规划》《新一代人工智能发展规划》《促进新一代人工智能产业发展三年行动计划（2018—2020 年）》等多项政策，积极推动人工智能产业快速发展。根据中国电子学会数据，2021 年我国人工智能核心产业市场规模为 1300 亿元，相较于 2020 年增长了 38.9%。根据《新一代人工智能发展规划》，预计 2025 年，我国人工智能核心产业规模将超过 4000 亿元，带动相关产业规模超过 5 万亿元。我国人工智能产业市场规模巨大，人工智能技术与产业正处于高速增长期，产业的发展需要人才来支撑，然而目前我国人工智能人才严重不足，根据 2020 年人力资源和社会保障部发布的《新职业——人工智能工程技术人员就业景气现状分析报告》，我国人工智能人才缺口超过 500 万，国内的供求比例为 1∶10，出现了严重失衡，如不加强人才培养，至 2025 年，人才缺口将突破 1000 万。因此，人工智能产业人才的培养是人工智能产业发展的基础性工程，积极建设人工智能学科专业、改革人工智能课程与教材、实现人工智能创新人才的培养是我国人工智能技术与产业发展的迫切需要。深度学习是人工智能技术进步与产业发展的核心引擎，开展对深度学习算法与加速技术理论及应用的研究，培养具备深度学习理论与加速技术相关知识的技术人才就显得更加重要。然而传统的深度学习基础与应用课程所采用的教材不够完善，大多只注重深度学习算法的基础理论阐述，而缺少对深度学习算法优化技术与加速技术的讨论，更缺乏基于深度学习的应用案例的分析，因此急需一本适合人工智能领域人才培养、偏重深度学习应用与加速技术实现的高水平教材。

　　基于以上需求，我编写了本书。本书内容分为理论篇与应用篇，适合具备不同基础的读者学习，旨在培养读者在深度学习算法及硬件加速方案设计方面的工程实践能力。本书不仅注重对深度学习基础理论的阐述，而且深入分析了处理梯度消失与过拟合现象、选择合适初始值、优化损失函数等深度学习算法设计中的关键技术，阐述了深度学习算法硬件加速技术基础理论，并给出了加速方案设计案例，非常有助于读者理解深度神经网络在实际应用中所遇到的难题并掌握其解决方法。本书具有以下四个特色：

　　1）不仅引入线性向量空间、内积、线性变换与矩阵表示、梯度等神经网络数学基础概念，而且结合神经网络算法应用重新定义这些数学概念的物理意义，以加强读者对基于内积、梯度等数学概念的人工智能算法的设计能力。

　　2）详细分析了梯度消失与梯度爆炸处理、过拟合消除、初始值选择规则、可变的学习速度、损失函数优化等深度学习算法设计中的关键技术，以增强读者对深度学习算法的理解以及算法设计能力。

　　3）解读了网络模型优化、计算精度降低与网络剪枝技术、SIMD 计算架构与 GPU 加速、TPU 计算架构与 TPU 加速、ASIC AI 计算架构与 FPGA 加速等深度学习算法硬件加速技术的基础理论。

　　4）重点讲解了基于 OpenCL 的 FPGA 异构并行计算技术与基于 OpenVINO 的 FPGA 深度学习加速技术，引入灰度图像逆时针旋转、squeezenet 网络目标识别等 FPGA 异构加速应用案例，以提高读者在深度学习算法设计及异构加速方案实现方面的工程实践能力。

　　本书在编写过程中，不仅受到了湖南省教育厅高水平研究生教材建设项目与长沙理工大学优秀教材建设项目的资助，而且得到了戴葵教授、研究生陈立等的鼎力相助，同时获得了 Intel 和 Terasic 对加速技术实验部分的大力支持，在此一并表示真挚的感谢。由于作者水平有限，加上时间仓促，书中难免有疏漏甚至错误之处，敬请同行和读者批评指正，作者的联系方式为 baichuang@csust.edu.cn。

CONTENTS

目　　录

理论篇

CHAPTER 1

第 1 章

人工智能简介

人工智能是引领未来科技革命的重要驱动力量，作为新一轮产业变革的核心驱动力，它正在催生新技术、新产品、新产业、新模式，引发经济结构重大变革，深刻改变人类的生产生活方式和思维模式。本章将重点介绍人工智能的概念与发展历程、人工智能与深度学习的关系、人工智能发展阶段以及人工智能应用，目的在于让大家掌握人工智能的基本理论，为后续深度学习及加速技术的学习奠定基础。

1.1　人工智能概念

人工智能技术及产业应用正在如火如荼地发展，语音识别、目标检测、人脸识别等技术正在逐步改变着人类的生产生活方式。那么，神秘的人工智能究竟是什么？其终极实现目标是什么？它的发展历程又如何呢？

1.1.1　人工智能定义

人工智能的英文全称是 Artificial Intelligence（AI），其目标是使得机器具备人的行为、感知与认知等机能，变得像人一样聪明，与之相关的所有理论、技术及算法都可以称为人工智能技术。这里主要包括三个层次的要义：

其一是行为智能，指机器可以模拟人类的抓取、走路、跑步及跳跃等行为。目前这个层次的智能技术研究已相对成熟，机器甚至可以做到比人更快、更稳、更准，典型应用就是智能化工厂中的机械臂，它能够长时间不知疲倦地实现工业零配件的快速抓取与搬移，完成零配件的引导焊接及精准装配等。

其二是感知智能，指让机器具备人类的听觉、视觉、触觉及嗅觉等多种感知机能，像人一样可以通过听、看、闻、触等方式感知外界物理信息。这个领域的发展不仅依赖于各种传感器技术的研究与突破（传感器是连接物理世界与电子世界的桥梁，是现代物联网及人工智能应用领域的关键技术，在我国的发展较为缓慢，尤其是做 IC 的读者可以考虑将其作为研究方向），而且取决于自然语言处理、计算机视觉等方向算法研究的进步，目前应用最广、研究相对成熟的就是计算机视觉方向，典型应用包括工业零件缺陷检测、目标分类与零部件的计数及尺寸测量等。

其三是认知智能，指使得机器具备人类的思维、意识及情感能力。人类之所以能够创造出如此灿烂的物质文明与精神文明，是因为人类可以思考，具备创新意识，这也是人类同其他动物最大、最本质的区别。如果机器能够具备人类的思维、意识及情感能力，那么你将无法判断面前的物体到底是人还是机器，机器也就实现了真正的人工智能。这个领域的研究是现在人工智能领域发展的热点，典型研究包括聊天机器人、高考机器人、阅卷机器人等各种具备认知能力的机器人，这些机器人不仅要能够听到语音、看见图像、更要能够理解文字的语义，看懂图像、视频的内在含义等。顺便说一下，阿尔法围棋曾 2：1 战胜了韩国围棋国手李世石，有一种说法是其中一局阿尔法围棋故意输给了对手，如果这种说法成立，大家想想这岂不是很恐怖！

1.1.2 人工智能发展历程

人工智能的历史最早可以追溯到 20 世纪 30 年代，比计算机的历史还要久远，因此严格意义上来说，人工智能并不能算是计算机领域的一个研究方向。尤其是大家深入理解图灵机理论后，就知道计算机本应该是人工智能的产物，或者说是实现人工智能的载体。只是可惜图灵（"人工智能之父"，这个人很传奇，大家可以了解下其人生经历）英年早逝，他的模拟人类思维的图灵机计算模型没有能够实现成计算机，所以后期才有了冯·诺依曼的以计算＋存储结构为基础的计算机，其发展直接导致全球范围内的第三次产业革命，给人类带来了巨大的变化。而且自图灵后，人工智能的算法研究多依托于计算机系统，人工智能领域相对于计算机领域而言人才的培养规模较小，因此很长时间人工智能仅仅作为计算机学科下的一个研究方向存在，这样的从属关系显然不科学。随着技术进步与产业发展，现在国内很多高校已设置了人工智能专业，且人工智能专业直接隶属于电子信息类而非计算机学科，这也说明人工智能与计算机之间的从属关系正在被重新界定。

人工智能发展之初最著名的就是图灵机与图灵测试的理论。图灵机相关理论 1.2 节会详细介绍，图灵测试是最早用来衡量一个系统是否可以被认定为人工智能系统的测试实验，具体论述为"将一台机器与一个人通过一块幕布相隔，然后人与机器之间通过语言正常交流，当这个人感觉自己就是在和一个人正常流畅地交谈时，这台机器也就实现了人工智能"。图灵测试提供了一种界定机器是否实现人工智能的方法，这种方法的提出在那个时代具有很强的指导意义。然而随着技术的发展，这种原始的测试方法也显示出许多不足。很明显，图灵测试对人工智能的界定还停留在语音、语义上，对于人工智能的其他方面，包括视觉、嗅觉等，没有给出准确的界定策略，因此大家要对这一理论有正确的认知。图灵之后，人工智能技术的研究一直存在两大流派：一是自顶向下的符号派，二是自底向上的统计派（以深度神经网络为主）。两大流派的研究此消彼长，为人工智能技术的发展与进步做出了巨大贡献。这里特别强调下，学术派别划分只是因为针对同样的研究内容其研究方法与手段不一样而已，并无对错多寡之分，然而不同历史时期两个学派的研究成果所产生的影响不一样，这直接导致人工智能领域先后出现了多次发展热潮。第一次是 20 世纪 50 年代感知机的提出以及达特茅斯会议（正式提出"人工智能"概念）的召开；第二次是 20 世纪 60 年代以王浩的机器定理证明等为代表的大发展；第三次是 20 世纪 80 年代以符号派科学家提出的专家系统、日本五代机等为代表的飞速发展；目前正处于以辛顿等人提出的深度学习、强化学习等机器学习范式为代表的第四次发展高潮，深度学习理论及技术已被广泛应用于模式识别、信号处理以及控制系统等人工智能领域。

1.2　人工智能与深度学习

目前我们正处于以深度学习为核心的第四次人工智能技术发展热潮期，相比于传统算法，深度学习算法能够在语音识别、机器视觉与逻辑推理等众多领域赋予机器深度智能，使得机器比人"听"得更准，"看"得更细。那么，深度学习是人工智能的全部吗？是何种原因催生了深度神经网络？其终极目标又是什么？

1.2.1　人工智能与深度学习之间的关系

人工智能的终极目标是使得机器能够表现出和人一样的动作与行为，具备感知和认知能力，因此能够实现这个目标的所有理论、技术及算法都可以称为人工智能技术。在实现人工智能目标的过程中，两大学术流派针对同样的人工智能场景与任务所采用的研究方法和手段截然不同：符号派以因果关系为出发点，探寻事物的内在规律，并将之表达成逻辑算法，完成人工智能场景任务；统计派以映射关系为出发点，通过对能反映事物的内在规律的大量样本数据的抽象学习，以概率统计手段完成人工智能场景任务，而深度学习则是统计派中最具代表性的人工智能技术。

人工智能与深度学习之间的详细从属关系如图 1.1 所示，显然深度学习仅仅是人工智能技术中的一小部分，但目前看来是很重要的一部分。此外，还有机器学习与神经网络两个概念。机器学习是统计学派实现人工智能应用的最重要的技术之一，按照事先约定好的学习规则，自主对大量的样本数据进行有效学习，得出反映事物内在规律的网络结构表达，完成人工智能场景任务。典型的机器学习方法包括决策树、聚类算法、贝叶斯分类及支持向量机等。机器学习算法依托于计算机快速自主学习，能够有效构建反映事物内在规律的网络结构来完成分类及拟合等任务，然而机器学习更适用于线性任务，对于非线性分类及拟合任务效果不够理想。神经网络是通过模拟人类大脑的神经元网络来处理信息的一种网络结构，其网络参数也是通过对样本数据的充分学习而构建的，故其属于机器学习方法的一种。但是归功于神经网络结构的复杂性与灵活性，它能够很好地完成非线性分类及拟合等人工智能任务，后续章节会详细分析神经网络的相关内容，这里不再赘述。那么，深度学习和它们之间又是什么关系呢？其实很简单，随着应用场景越来越复杂，需要处理的任务越来越难，简单的神经网络已不足以应付这些场景任务，只有不断地增加网络层，改进网络结构才能更加有效地提升网络的分类或者拟合能力，完成复杂任务。这种非常大、非常深的神经网络就称为深度神经网络，因此深度学习可以认为是神经网络的一部分。

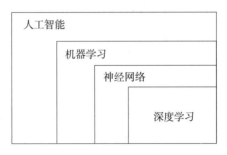

图 1.1　人工智能与深度学习从属关系图

　　可以看出，深度学习技术是人工智能技术的一个重要组成部分，仅仅是因为它在语音识别、图像处理及逻辑推理等领域取得了很好的分类及拟合效果，所以才成为当今的研究热点，这并不意味着深度学习就是人工智能技术的全部，或者说可以解决人工智能应用场景中的所有问题，大家要正确对待。

1.2.2　图灵机与丘奇 – 图灵论题

　　图灵机是图灵在 20 世纪 30 年代提出的一种抽象的计算模型，是对人类的运算思维过程进行模拟的一个抽象的机器，其目标就是实现具备人类思维模式的自动计算机。简单而言，图灵机有一条无限长的纸带，纸带分成了一个一个的小方格，每个方格有不同的颜色，有一个机器头在纸带上移来移去。这个机器头有一组内部状态，还有一些固定的程序。在每个时刻，机器头都要从当前纸带上读入一个方格信息，然后结合自己的内部状态查找程序表，根据程序将信息输出到纸带方格上，并转换自己的内部状态，然后进行移动。图灵机的提出不仅奠定了图灵在人工智能领域的地位，而且对后来的冯·诺依曼计算机结构具有深远影响。如果图灵没有英年早逝，那么现代计算机体系结构也许就不是所谓的计算＋存储模式了，而是直接以模拟人类思维的图灵机模型为基础的具有智能的机器。这也是图灵被尊称为"人工智能之父"，计算机领域的最高奖项设置为图灵奖的原因。

　　图灵机理论提出之初并没有完全被业界认可，但是图灵的导师丘奇（当时是全球范围内知名的逻辑学家）却发现了图灵机的重要性与深远意义。为了助推图灵机理论的发展，师生二人共同提出了著名的丘奇 – 图灵论题，即一切可计算的函数都等价于图灵机，或者也可以理解为一切可计算的函数都能够用图灵机进行计算。那么问题来了：什么是可计算的函数？或者，先应该搞清楚什么是函数。我们从初中就开始学习函数，一直学到大学，已经学习了各种类型的函数。归根结底，一个简单的函数可以表示为$y=f(x)$，或者$x \xrightarrow{f} y$，这个函数关系可以理解为自变量 x 通过函数 f 映射为因变量 y。函数关系本质上是一种映射关系（什么是关系？有兴趣的读者可以查阅离散数学知识），这种映射关系如果可以用计算机算法语言精确描述，说白了就是能够采用加、减、乘、除运算精确表达内在联系，那么这种函数就称为可计算的函数。可计算的函数本质上反映的是描述事物内在规律的因果关系，科学家研究科学就是通过理论推导或者实验分析提取表征自然现象的内在规律的因果关系，也可以说可计算的函数就是指那些可以描述清楚前因后果的映射关系。这种可计算的函数等价于图灵机，也就是说一切表征自然界规律的因果关系都可以用图灵机实现。

很多场景现象确实存在映射（函数）关系，然而其映射关系很难解释，比如说双胞胎自然感应、神奇的大脑意识活动等，这些现象的因果关系还有待于挖掘，我们称之为不可计算的函数。那么，这些函数就无法采用图灵机去计算了吗？我们说任何一种理论都应该在特定时代背景下分析，当然也可以理解为这些函数的内在因果关系一定会随着科学家的不断探索与研究而最终被发现，那么又可以用图灵机实现了。然而人类的欲望是无止境的，在没有研究清楚这些规律的内在因果关系之前，我们还希望使用这些规律解决实际问题，怎么办？于是就出现了神经网络以及越来越重要的深度学习算法。这些方法通过对大量的样本数据自主学习，得出反映事物内在规律的网络结构，进而完成各种场景下的任务。深度神经网络就是一种函数映射关系，但是其内在因果关系很难解释（神经网络的可解释理论研究是一个很有前景的方向），可这并不影响其大规模使用。

1.3　人工智能发展阶段

从人工智能概念出现至今，已经历了多次发展热潮，每次都涌现出很多先进的技术与成果。从技术层面来看，人工智能技术的发展可归纳为四代，不同发展阶段的人工智能技术的特点有什么异同点呢？其技术本质是什么？

1.3.1　人工智能 1.0——知识＋算法＋算力

人工智能 1.0 即符号主义，是一种基于知识驱动的人工智能技术，其技术本质是知识＋算法＋算力。这一代人工智能技术提出了基于知识和经验的推理模型，用这个模型来模拟人类的理性智能行为，像推理、规划、决策等。根据这个原理，需要在机器中建立知识库和推理机制，利用这两者对人类的推理和思考行为进行模拟。人类的思维过程是非常复杂的，故模拟其行为的推理机制也变得很复杂，在计算机里则体现为复杂的算法程序。如果需要系统能够实时响应，那么复杂的算法需要有强大的算力支撑才能快速得到结果，说白了就是计算机要计算得快，因此人工智能 1.0 应用其实就是知识、算法与算力的有效结合。这一阶段的应用产品就是各类专家系统，其中最具有代表性的成果是国际象棋程序 IBM 深蓝计算机。

第一代人工智能的优势在于，其算法模拟的是与人类一致的显式推理过程，具有很强的可解释性，即内在因果关系明确，可以有效地克服基于数据驱动的机器学习方法的不可解释性、需要大量数据等缺陷。但是第一代人工智能也存在许多局限性，比如人脑思维过程非常复杂，即使生物学家也很难解释清楚，那么模拟思维的推理机制自然存在很多不足。另外，很多知识具有不确定性，很难用计算机语言描述，也很难从数据中自动获取知识。

1.3.2　人工智能 2.0——数据＋算法＋算力

人工智能 2.0 即深度学习，是一种基于数据驱动的人工智能技术，其技术本质是数据＋算法＋算力。这一代人工智能提出了基于数据的深度神经网络模型，用深度神经网络模型来模拟人类的感知与认知智能行为，如视觉、听觉、嗅觉、推理与决策等。深度神经网络模型的使用包括两个阶段：一是训练阶段，利用事先标注好的样本数据按照某种学习规则对神经网络迭代训练，更新网络参数；二是推理阶段，在实际环境中采样数据，利用更新好的神经网络完成分类或者预测等任务。由于人类的感知与认知过程非常复杂，所以模拟其行为的深度神经网络模型也变得很复杂，换句话说，网络训练（学习）与推理阶段都需要大量的运算。因此，为了使系统能够实时响应，也需要强大的算力才能快速完成训练和推理，显然人工智能 2.0 应用其实就是数据、算法与算力的有效结合。这一阶段最具有代表性的成果是阿尔法围棋，其底层算力是包括 1202 个 CPU、280 个 GPU 的分布式系统，采用深度学习＋强化学习相结合的算法，对 6000 万盘棋局进行了训练与学习。

第二代人工智能技术的优势在于，可以通过数据自主学习事物的内在隐藏规律，故不需要专业的领域知识，技术门槛低，而且由于神经网络规模很大，所以可以处理海量数据，深挖数据内在的规律，其分类或者预测效果往往比人更精确。但是第二代人工智能技术也存在如不可解释性、鲁棒性差、不可靠、不安全及样本需求量大等局限性，比如对于深度神经网络每层提取的特征及最终分类，很难准确解释其原理，采用神经网络进行图片分类时准确率非常高，而加入简单的噪声后其识别结果变化很大，网络的鲁棒性很差，很不可靠。另外，网络模拟的行为规律都是通过数据学习而来的，只有通过海量数据（对于有监督学习则是海量标注数据）的学习，才能提取准确的内在规律，而大量的数据在很多应用场景下往往无法获得。

1.3.3　人工智能 3.0——知识＋数据＋算法＋算力

人工智能 3.0 是一种基于知识驱动与数据驱动相结合的人工智能技术，其技术本质是知识＋数据＋算法＋算力。具体而言，人工智能 3.0 是通过将第一代方法与第二代方法相结合，综合知识、数据、算法与算力四要素构建的可解释和鲁棒的人工智能理论而建立的安全、可信、可靠与可扩展的人工智能技术。

深度神经网络是借鉴人脑神经元网络的机制来完成分类，但是现有的人工神经网络结构过于简单，一般都是前向连接，即只有下一层同上一层建立联系，所以在做分类识别应用时很容易受到外界噪声干扰，变得不可靠，鲁棒性较差。然而人脑的神经元网络却复杂得多，还包括反馈连接、横向连接、稀疏放电、注意机制及多模态等。人工智能 3.0 则通过引入人脑神经元网络的这些特点去改进现有的深度神经网络，提高网络的鲁棒性。清华大学计算机系张钹院士团队在这方面取得了很多研究成果，有兴趣的读者可以查阅学习。另外，深度神经网络往往是在完全结构化的特定环境下才能较好地解决问题，然而很多应用如自动驾驶中面临的是不确定、动态变化的场景。这个时候原有的深度学习方法就很难适应这种场景下面临的问题，因此就需要通过强化学习的方法，在与环境的不断交互中学习适应环境变化、应对突发状况等，这也是人工智能 3.0 重点研究的内容。

第三代人工智能的优势在于，通过知识、数据、算法和算力的结合，构建了安全、可信、可靠的人工智能技术与方法，增强了人工智能应用的可解释性与鲁棒性，能够在信息不完全、具有不确定性、动态变化的场景下解决很多智能难题。

1.3.4 人工智能 4.0——存算一体化

第一代人工智能是基于知识与经验驱动的符号主义技术，以知识、算法和算力为核心，第二代人工智能是基于数据驱动的深度学习技术，以数据、算法和算力为核心，第三代人工智能则是基于知识驱动与数据驱动相结合的人工智能技术，以知识、数据、算法和算力为核心。符号主义的推理机制与统计主义的深度学习都是以复杂的软件算法的形式来模拟人脑的思维过程，都要依托于具有很强算力的计算机才能快速完成场景任务。以已商用的基于深度学习的人脸识别系统为例，其深度神经网络可达数百层甚至上千层，只有如此复杂的神经网络才能保证非常高的人脸识别准确率。而场景又要求能够实时响应，因此就需要具有很强算力的计算机才能快速运行深度神经网络算法完成人脸识别任务。其实深度神经网络的训练过程计算量更大，算力因素会更重要。同时，对于这种复杂的深度神经网络，需要大容量内存存储算法程序与参数，在运行神经网络算法时，处理器需要不断地访存读取代码和参数，又要将中间结果不停地写回内存，这种访存过程本身就很费时间（大家一定听说过存储墙的概念），而且会产生大量的功耗（大家不要以为只有运算才会耗能）。算力、内存、功耗等都是系统设计过程中必须要综合考虑的因素。然而，事实上在很多时候，尤其是物联网终端、嵌入式等资源节约型应用场景下，计算机无法提供较强的算力和很大的存储，系统的功耗要求很低，这时传统的人工智能技术就很难有用武之地。

人工智能 4.0 是一种基于存算一体化的新型器件与网络的人工智能技术。不同于采用软件的形式模拟人脑神经元网络，第四代人工智能直接采取新型器件（如 RRAM 忆阻器等）模拟神经元行为，这样的器件本身集运算和参数存储于一身，并通过多个器件互相级联构成强大的神经元网络，这样的网络可以非常快速又极低功耗地完成对信号的处理，从而完成场景任务。目前还有很多类脑芯片技术的研究可以看作人工智能 4.0 的范畴，其技术本质是一样的，只是实现路径有所不同，大家有兴趣可以自己钻研。

1.4 人工智能应用

人工智能应用从纵向层次划分，主要包括行为智能、感知智能和认知智能三个领域，三个领域前文已举例详述，这里不再赘述。而如果从横向视角划分的话，人工智能应用包括语音识别、自然语言处理、计算机视觉、机器人控制技术等粗分领域，其中计算机视觉是目前产业界技术相对成熟、应用非常广泛的一类重要应用，包括工业零部件尺寸测量与缺陷检测、目标检测与跟踪、人脸比对与识别、三维影像重构等多个细分领域，本书后续章节均以计算机视觉应用为例阐述观点。

1.4.1 工业零部件尺寸测量与缺陷检测

当今时代制造业的水平高低已成为衡量一个国家综合经济实力的重要标准，各个国家都在大力发展先进制造业，相继提出工业 4.0、制造业复兴计划、中国制造 2025 等战略规划推动制造业发展，智能制造已成为制造业各个领域重点发展的目标。工业零部件尺寸测量与缺陷检测是目前智能制造领域应用最广泛的技术之一。工业零部件尺寸测量是采用计算机视觉的方法实现生产线工业零部件尺寸的自动精准测量，实时发现残次品，降低产品召回率。尺寸测量根据产品类型不同而具体采用不同的测量方法，但是一般都是以所测零部件的轮廓边缘为基础实施测量，传统的图像处理方法就可以完成。工业零部件缺陷检测是指采用计算机视觉的方法实现工业零部件的缺陷检测与定位，完成合格产品与不合格产品自动分类，提高产品抽检合格率。不同产品的缺陷类型不同，一般包括划痕、坏点、气泡及凹槽等，缺陷检测方法主要包括传统图像处理方法与深度学习目标检测方法，对于缺陷类型及制造环境复杂的场景，深度学习方法是主流采用的方法，能够取得较好的检测效果。

1.4.2 目标检测与跟踪

目标检测与跟踪主要应用在智慧交通、安防及搜索救援等领域，完成对感兴趣目标的实时检测、定位与追踪，比如智慧交通领域的闯红灯抓拍、智能安防领域的危险目标及人物定位与追踪、搜索救援领域的救援目标检测与定位等。目标检测主要包含目标识别与目标定位两方面内容，主流的目标检测算法都是采用深度学习方法实现的，具体分为 two-stage（二阶段）和 one-stage（一阶段）两大类：two-stage 类包含传统方法、R-CNN、Fast

R-CNN 以及 Faster R-CNN 等；one-stage 类则包含 YOLO 与 SSD 等，YOLO 是目前采用最广泛、效果最佳的目标检测算法。two-stage 类方法需要先找出图像中可能存在目标物体的候选框，然后再基于候选框图像采用 CNN 算法实现目标的分类识别，以及候选框坐标的精准回归。one-stage 类方法则采用 CNN 算法处理原始的完整图像，同时输出目标分类信息与目标定位坐标，是目前目标检测应用中最常用的方法，具体技术内容后续章节会专门介绍。

1.4.3　人脸比对与识别

人脸比对与识别主要应用在智慧门禁、在线刷脸、人脸配对与搜索等领域，完成对人脸的实时比对、搜索与识别，比如酒店、家庭、超市等各个场景下的人脸门禁管理系统，在线购物、在线支付的自动人脸识别，警用逃犯人脸比对识别等。人脸比对与识别的算法很多，其本质都是通过特征提取和特征比对两个步骤实现人脸识别。目前使用最多的方法主要包括标准特征检测与配对、特征脸以及深度学习方法三类。其中，标准特征检测与配对首先按照某种规则手工设计特征提取方法（如 SIFT、SURF、ORB、KAZE 等特征检测方法），然后对特征进行比对与配对，完成人脸比对与识别。特征脸是一种典型的机器学习方法，利用人脸数据按照不同目标构建人脸特征检测网络，如 PCA 与 TDA 等，特征脸法相对于第一类方法显著提升了人脸识别的准确率。最后一种是深度学习法，通过对人脸库人脸样本的训练学习，构建卷积神经网络，实现人脸识别应用，这里的卷积神经网络结构包括 AlexNet、VGGNet、GoogLeNet 及 ResNet 等，不同网络结构各有优缺点，识别效果也不一样，具体技术内容后续章节会专门介绍。深度学习法是目前产业界人脸识别应用中最常使用的方法。

1.4.4　三维影像重构

三维影像重构是近年来在计算机视觉领域出现的一项新兴技术，其目标就是替代传统的二维平面成像技术，实现对三维空间中真实物体的三维影像重构。三维影像相比于二维成像，包含更多的目标物体特征信息，从而能够更加精准地实现目标物体的尺寸测量、缺陷检测及目标识别等应用，比如高速口重型卡车限高限宽的车体三维尺寸测量、工业零部件多维缺陷检测、三维人脸影像识别等。三维影像重构的方法主要包括结构光法、TOF 飞行时间法与双目法三类，其中结构光法适用于短距离小物体的三维成像，其成像精度也可以做到最高，TOF 飞行时间法与双目法则更适用于远距离大物体的成像，成像精度相对低一些。结构光法主要根据反射光在成像平面内成像像素的位置信息，反向判断原始物体的深度信息；TOF 飞行时间法利用出射光与反射光的相位差，计算光波在空间中的飞行时间，进而反推原始物体的深度信息；双目法则是两个镜头对同一物体进行不同角度成像，然后计算匹配特征点的视差信息，利用视差得出物体三维空间下的深度信息，最后通过二维到三维的映射变换构建原始物体的三维影像。

这里介绍的应用只能算冰山一角，还有很多人工智能场景应用存在于我们的生产生活中，这里不再赘述。细心的读者可以发现，这些应用的实现方法正在逐步迁移到深度学习上来，或者说至少在一些关键环节上采用了深度学习技术，目的就是改善性能。深度学习技术本质上解决的都是分类和拟合（回归）问题，目标检测包括目标识别与目标定位，其中目标识别属于分类，目标定位则属于拟合（回归）。工业零部件缺陷检测与目标检测类似，人脸比对与识别则属于分类应用，三维影像重构中的相机标定目前也有基于深度学习的方法，这属于函数拟合（回归）。明白了深度学习分类与拟合的技术本质，我们就可以在今后的人工智能场景应用中解剖应用环节，采用深度学习替代原有的分类和拟合，这样也许能获得更好的性能。

第 2 章

神经网络数学基础

本章将复习线性代数中的线性向量空间、内积、线性变换与矩阵表示，以及梯度等概念，并且从神经网络应用的角度重新解读这些概念的物理含义，为后续神经网络应用的设计与实现奠定数学理论基础。

2.1 线性向量空间

线性向量空间是线性代数中有关向量的最基本概念，本节将从向量空间的定义出发，给出神经网络应用中常用的一些向量基本性质。

定义 一个线性向量空间 X 是一组定义在标量域 F 上且满足如下条件的元素集合（向量）：

（1）一个称为向量加的操作定义为：如果 $x \in X$（x 是 X 的一个元素），$y \in X$，那么 $x+y \in X$；

（2）$x+y=y+x$；

（3）$(x+y)+z=x+(y+z)$；

（4）存在唯一一个称为零向量的向量 $\boldsymbol{0} \in X$，对于所有的 $x \in X$，都有 $x+\boldsymbol{0} \in X$；

（5）对于每一个向量 $x \in X$，在 X 中只有唯一一个被称为 $-x$ 的向量，且满足 $x+(-x)=0$；

（6）一个称为向量乘的操作定义为：对所有 $a \in F$ 的标量，以及所有的向量 $x \in X$，都有 $ax \in X$；

（7）对于任意的 $x \in X$ 和标量 1，都有 $1x=x$；

（8）对于任意的标量 $a \in F$ 和 $b \in F$，以及任意的 $x \in X$，都有 $a(bx)=(ab)x$，$(a+b)x$

$=ax+bx$，$a(x+y)=ax+ay$。

实例　对于一个二维的欧氏空间 $\boldsymbol{R}^2$，如图 2.1a 所示。空间中所有向量均满足定义中的 8 个条件，故它是一个线性向量空间。再考虑其子集，如图 2.1b 所示方框内的区域 X，显然该区域连条件 1 都不能满足。向量 $\boldsymbol{x}$ 和 $\boldsymbol{y}$ 在 X 内，但是 $\boldsymbol{x}+\boldsymbol{y}$ 却可能不在 X 内。从这个例子可以看出，任何限定边界的集合都不可能是向量空间。考虑图 2.1c 中的直线 X（假设该线两端均为无限长），那么这条线是向量空间吗？可以证明该直线 X 满足定义中的 8 个条件。

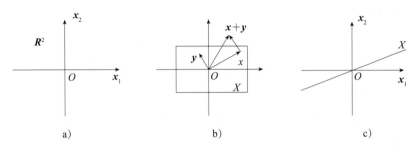

图 2.1　线性向量空间示例

线性无关　如果对 n 个向量 $\{\boldsymbol{x}_1, \boldsymbol{x}_2, \cdots, \boldsymbol{x}_n\}$ 而言，存在 n 个标量 $a_1, a_2, \cdots, a_n$（这 n 个标量中至少有一个是非零的），满足

$$a_1\boldsymbol{x}_1+a_2\boldsymbol{x}_2+\cdots+a_n\boldsymbol{x}_n=\boldsymbol{0} \tag{2-1}$$

那么 $\{\boldsymbol{x}_1, \boldsymbol{x}_2, \cdots, \boldsymbol{x}_n\}$ 是线性相关的。与之相反，如果 $a_1\boldsymbol{x}_1+a_2\boldsymbol{x}_2+\cdots+a_n\boldsymbol{x}_n=\boldsymbol{0}$，当且仅当每个 a_n 均等于零，那么称 $\{\boldsymbol{x}_1, \boldsymbol{x}_2, \cdots, \boldsymbol{x}_n\}$ 是一组线性无关的向量。

现在考虑阶数小于等于 2 的多项式空间 $\boldsymbol{P}^2$ 中的向量。设该空间中的三个向量分别是 $\boldsymbol{x}_1=1+t+t^2$，$\boldsymbol{x}_2=2+2t+t^2$，$\boldsymbol{x}_3=1+t$，如果令 $a_1=1$，$a_2=-1$，$a_3=1$，那么 $a_1\boldsymbol{x}_1+a_2\boldsymbol{x}_2+a_3\boldsymbol{x}_3=0$，所以这三个向量线性相关。

生成空间　假设 X 是一个线性空间，且 $\{\boldsymbol{u}_1, \boldsymbol{u}_2, \cdots, \boldsymbol{u}_m\}$ 是 X 中的一般向量子集，该子集能够生成 X，当且仅当对每一个 $\boldsymbol{x}\in X$，都存在一组标量 $x_1, x_2, \cdots, x_m$，满足 $\boldsymbol{x}=x_1\boldsymbol{u}_1+x_2\boldsymbol{u}_2+\cdots+x_m\boldsymbol{u}_m$。换句话说，如果空间中的每一个向量都能写成该子集向量的线性组合，那么这个子集就能够生成一个空间。

基集　一个向量空间的维数是由生成该空间所需要的最少向量个数决定的。X 的基集是由生成 X 的线性无关的向量所组合成的集合。任何基集包含了生成空间所需要的最少个数向量。因此 X 的维数等于基集中元素的个数。任何向量空间都可以有多个基集，但每一个基集都必须包含相同数目的元素。以线性空间 $\boldsymbol{P}^2$ 为例，该空间的一个基集是：$\boldsymbol{u}_1=1$，$\boldsymbol{u}_2=t$，$\boldsymbol{u}_3=t^2$，显然任何一个阶数小于或等于 2 的多项式都可以通过这三个向量的线性组合表示。但是 $\boldsymbol{P}^2$ 中任意三个线性无关的向量都有可以组成该空间的一个基集。比如 $\boldsymbol{u}_1=1$，$\boldsymbol{u}_2=1+t$，$\boldsymbol{u}_3=1+t+t^2$。

2.2 内积

内积是神经网络操作的基础，这里先介绍内积的一般定义，然后拓展内积的物理含义。

定义 任何满足如下条件的关于 x 和 y 的标量函数都可以定义为一个内积 (x, y)：

（1）$(x, y) = (y, x)$；

（2）$(x, ay_1 + by_2) = a(x, y_1) + b(x, y_2)$；

（3）$(x, x) \geqslant 0$，当且仅当 x 是零向量时 $(x, x) = 0$。

对于 $\boldsymbol{R}^n$ 中向量而言，其标准内积为：

$$x^\mathrm{T} y = x_1 y_1 + x_2 y_2 + \cdots + x_n y_n \tag{2-2}$$

根据线性代数理论定义，内积 $(x, y) = \|x\| \|y\| \cos\theta$，其中 $\|x\|$ 为范数，即为向量 x 的模（长度），θ 为向量 x 与 y 之间的夹角。如果 x 为标准向量，那么内积 (x, y) 为向量 y 沿向量 x 方向的投影长度。

正交向量 如果两个向量 $x, y \in X$，满足 $(x, y) = 0$，那么这两个向量是正交的。线性无关与正交性是相关的，可以通过 Gram-Schmidt 正交化方法将线性无关向量集合转换为一个正交向量集合，而且两者所生成的向量空间是相同的。

内积物理含义拓展 根据内积的定义，可以在神经网络结构中完成距离描述与空间变换等功能，有效实现物体分类与目标识别等应用。

1）距离描述

分类的实现在于通过对物体特征向量与标准特征向量之间的距离进行计算，然后根据距离远近判别其属于的物体类别，因此向量空间的距离描述就显得尤为重要。常见的向量空间中特征向量之间距离的描述方法包括欧氏距离、城市街区距离等多种方法，其中欧氏距离最为常用，当两个特征点之间的距离越小时，欧氏距离的值也越小。

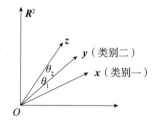

在神经网络结构——尤其是训练过程的结构中，内积在输出层（全连接层）被用于计算目标特征与标准特征之间的距离，内积值越大，两个特征点之间的距离就越小，属于该类物体的可能性就越大。如图 2.2 所示，在二维的欧氏空间 $\boldsymbol{R}^2$ 中存在特征向量 x，y，z（均为标准向量），x 与 y 分别为两类物体的标准特征，z 为待测物体目标特征，其中 θ_1 为向量 z 与 x 之间的夹角，θ_2 为向量 z 与 y 之间的夹角，$\theta_1 > \theta_2$，$(z, x) < (z, y)$，因此待测目标为类别二的可能性更大。

图 2.2 内积描述特征点距离示例

2）空间变换

在分类应用中，通过计算比较物体目标特征与标准特征之间的距离判别其所属类别。为了降低计算量，提高分类的准确率，往往要求特征提取过程不仅能够对原始特征进行降维，减小分类比对的计算量，还要实现类间特征分散，类内特征聚集，从而有效改善分类的准确率。而这种特征提取过程需要采用以内积计算（向量相乘）为基础的特征空间变换方法实现，通过特征空间变换，将高维分散特征变换到低维空间中，并实现聚集。如图 2.3 所示是二维空间特征变换到一维空间，完成特征聚集的示例。空间变换方法为高维特征与低维空间正交标准基矩阵相乘（向量相乘），本质上即高维特征向量与标准向量求内积。空间变换应用包括主成分分析法、LDA 法及神经网络特征提取法等。

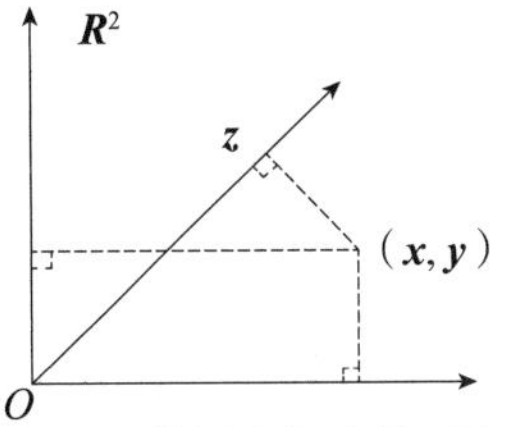

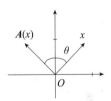

图 2.3　特征空间变换示例

2.3　线性变换与矩阵表示

本节介绍线性变换的定义及其基本特点。

变换　一个变换由如下三个部分组成：

（1）一个被称为定义域的元素集合 $X = \{x_i\}$；

（2）一个被称为值域的元素集合 $Y = \{y_i\}$；

（3）一个将每个 $x_i \in X$ 和一个元素 $y_i \in Y$ 相联系的规则。

线性变换　一个变换 A 是线性的，如果：

（1）对所有的 x_1，$x_2 \in X$，$A(x_1 + x_2) = A(x_1) + A(x_2)$；

（2）对所有的 $x \in X$ 和 $a \in \mathbf{R}$，$A(ax) = aA(x)$。

假设某个变换 A 是在二维空间 $\mathbf{R}^n$ 中将一个向量旋转 $\theta°$ 角，如图 2.4 所示。图 2.5a 和 2.5b 表示该旋转变换满足线性变换定义中的条件 1，即如果希望将两个向量的和向量旋转一个角度，可以首先对这两个向量分别进行旋转，然后再对其进行求和。图 2.5c 表示旋转变换满足线性变换定义中的条件 2，即如果希望将一个向量的伸缩向量进行旋转，可以首先旋转该向量，然后再对其进行伸缩。由此可以看出，旋转变换是一个线性变换。

图 2.4　二维空间
$\mathbf{R}^n$ 旋转变换示例

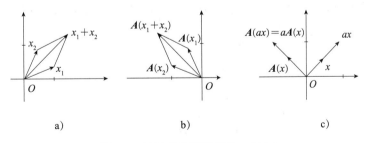

图 2.5　旋转变换满足条件 1 与 2

矩阵表示　矩阵相乘是线性变换的一个实例，同样可知两个有限维向量空间之间的任何线性变换都可以用一个矩阵来表示。

设 $\{v_1, v_2, \cdots, v_n\}$ 是向量空间 X 的一个基，$\{u_1, u_2, \cdots, u_m\}$ 是向量空间 Y 的一个基。即对任意两个向量 $x \in X$ 和 $y \in Y$，都有

$$x=\sum_{i=1}^{n}x_i v_i \text{和} y=\sum_{i=1}^{m}y_i u_i \tag{2-3}$$

设 A 是一个定义域为 X，值域为 Y 的线性变换（$A: X \to Y$）。那么 $A(x)=y$ 可以写成

$$A\left(\sum_{j=1}^{n}x_j v_j\right)=\sum_{i=1}^{m}y_i u_i \tag{2-4}$$

因为 A 是一个线性算子，所以式（2-4）可写成

$$\sum_{j=1}^{n}x_j A(v_j)=\sum_{i=1}^{m}y_i u_i \tag{2-5}$$

因为向量 $A(v_j)$ 是值域 Y 中的一个元素，所以这些向量可以用 Y 的基向量的线性组合形式描述为

$$A(v_j)=\sum_{i=1}^{m}a_{ij}u_i \tag{2-6}$$

将式（2-6）代入式（2-5），可得

$$\sum_{j=1}^{n}x_j\sum_{i=1}^{m}a_{ij}u_i=\sum_{i=1}^{m}y_i u_i \tag{2-7}$$

交换式（2-7）中求和的顺序，可得

$$\sum_{i=1}^{m}u_i\sum_{j=1}^{n}a_{ij}x_j=\sum_{i=1}^{m}y_i u_i \tag{2-8}$$

将式（2-8）右半部分移到左边可得

$$\sum_{i=1}^{m}u_i\left(\sum_{j=1}^{n}a_{ij}x_j-y_i\right)=0 \tag{2-9}$$

因为所有的 u_i 形成的是一个基集，所以它们必须是相互独立的。这也意味着式（2-9）中每个和 u_i 相乘的系数必须等于 0，因此

$$\sum_{j=1}^{n}a_{ij}x_j=y_i \tag{2-10}$$

此式可表示为

$$\begin{bmatrix} a_{11} & a_{12} & \cdots & a_{1n} \\ a_{21} & a_{22} & \cdots & a_{2n} \\ \vdots & \vdots & & \vdots \\ a_{m1} & a_{m2} & \cdots & a_{mn} \end{bmatrix}\begin{bmatrix} x_1 \\ x_2 \\ \vdots \\ x_n \end{bmatrix}=\begin{bmatrix} y_1 \\ y_2 \\ \vdots \\ y_m \end{bmatrix} \tag{2-11}$$

上式表明：对于两个有限维向量空间之间的任意线性变换都存在与其相应的矩阵表示。当该矩阵和定义域向量 x 的展式相乘，可以得到一个变换向量 y 的展式。同时注意：一个

变换的矩阵表示也不是唯一的。如果改变定义域或者值域的基集，那么变换的矩阵表示也会随之改变。

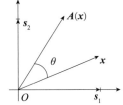

实例 以旋转变换为例，计算线性变换矩阵。这里的定义域和值域相同（$X=Y=R^2$），并且都采用标准集 $u_i=v_i=s_i$，如图 2.6 所示。

图 2.6 线性旋转变换示例

首先对第一个基向量 s_1 进行变换，并且以基向量的形式展开变换后的向量。如果将向量 s_1 逆时针旋转一个角度 θ，如图 2.7a 所示，可得：

$$A(s_1)=\cos(\theta)s_1+\sin(\theta)s_2=a_{11}s_1+a_{21}s_2 \tag{2-12}$$

然后对第二个基向量进行变换。如果将向量 s_2 逆时针旋转一个角度 θ，如图 2.7b 所示，可得：

$$A(s_2)=-\sin(\theta)s_1+\cos(\theta)s_2=a_{12}s_1+a_{22}s_2 \tag{2-13}$$

综合可得旋转变换矩阵为：

$$A=\begin{bmatrix} \cos(\theta) & -\sin(\theta) \\ \sin(\theta) & \cos(\theta) \end{bmatrix} \tag{2-14}$$

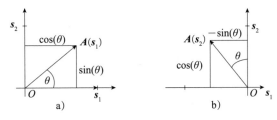

图 2.7 基向量旋转变换

2.4 梯度

泰勒级数展开 函数 $F(x)$ 可以表示成在某些指定点 x^* 上的泰勒级数展开：

$$F(x)=F(x^*)+\frac{\mathrm{d}}{\mathrm{d}x}F(x)|_{x=x^*}(x-x^*)+$$
$$\frac{1}{2}\frac{\mathrm{d}^2}{\mathrm{d}x^2}F(x)|_{x=x^*}(x-x^*)^2+\cdots+ \tag{2-15}$$
$$\frac{1}{n}\frac{\mathrm{d}^n}{\mathrm{d}x^n}F(x)|_{x=x^*}(x-x^*)^n+\cdots$$

泰勒级数展开项理论上来说有无穷多，但是在实际应用中，为了简化计算，往往可以选择其中有限项近似。从式（2-15）可以得出：当 x 取值趋近于 x^* 时，所有的近似都是精确的，当 x 取值离 x^* 较远时，则只有高阶近似是精确的。级数中每个相邻的后继项都包含 $(x-x^*)$ 的高次项，x 越趋近于 x^*，这些项按照几何级数急剧减小。

如果 $\boldsymbol{x}$ 是一个向量（表示神经网络中的各个权值与偏置值），那么 $F(\boldsymbol{x})$ 就是一个关于向量的函数。因此，需要将泰勒级数展开形式扩展为多变量（向量）形式。考虑下面的 n 元函数。

$$F(\boldsymbol{x})=F(x_1, x_2, \cdots, x_n) \tag{2-16}$$

这个函数在点 $\boldsymbol{x}^*$ 的泰勒级数展开为

$$F(\boldsymbol{x})=F(\boldsymbol{x}^*)+\frac{\partial}{\partial x_1}F(\boldsymbol{x})|_{x=x^*}(x_1-x_1^*)+\frac{\partial}{\partial x_2}F(\boldsymbol{x})|_{x=x^*}(x_2-x_2^*)+\cdots+$$

$$\frac{\partial}{\partial x_n}F(\boldsymbol{x})|_{x=x^*}(x_n-x_n^*)+\frac{1}{2}\frac{\partial^2}{\partial x_1^2}F(\boldsymbol{x})|_{x=x^*}(x_1-x_1^*)^2+ \tag{2-17}$$

$$\frac{1}{2}\frac{\partial^2}{\partial x_1\partial x_2}F(\boldsymbol{x})|_{x=x^*}(x_1-x_1^*)(x_2-x_2^*)+\cdots$$

将这个表达式简写成

$$F(\boldsymbol{x})=F(\boldsymbol{x}^*)+\nabla F(\boldsymbol{x})^{\mathrm{T}}|_{x=x^*}(\boldsymbol{x}-\boldsymbol{x}^*)+$$

$$\frac{1}{2}(\boldsymbol{x}-\boldsymbol{x}^*)^{\mathrm{T}}\nabla^2 F(\boldsymbol{x})|_{x=x^*}(\boldsymbol{x}-\boldsymbol{x}^*)+\cdots \tag{2-18}$$

梯度　这里的 $\nabla F(\boldsymbol{x})$ 为梯度，其定义为

$$\nabla F(\boldsymbol{x})=\left[\frac{\partial}{\partial x_1}F(\boldsymbol{x}) \quad \frac{\partial}{\partial x_2}F(\boldsymbol{x}) \quad \cdots \quad \frac{\partial}{\partial x_n}F(\boldsymbol{x})\right]^{\mathrm{T}} \tag{2-19}$$

$\nabla^2 F(\boldsymbol{x})$ 为赫森矩阵，其定义为

$$\nabla^2 F(\boldsymbol{x})=\begin{bmatrix} \frac{\partial^2}{\partial x_1^2}F(\boldsymbol{x}) & \frac{\partial^2}{\partial x_1\partial x_2}F(\boldsymbol{x}) & \cdots & \frac{\partial^2}{\partial x_1\partial x_n}F(\boldsymbol{x}) \\ \frac{\partial^2}{\partial x_2\partial x_1}F(\boldsymbol{x}) & \frac{\partial^2}{\partial x_2^2}F(\boldsymbol{x}) & \cdots & \frac{\partial^2}{\partial x_2\partial x_n}F(\boldsymbol{x}) \\ \vdots & \vdots & & \vdots \\ \frac{\partial^2}{\partial x_n\partial x_1}F(\boldsymbol{x}) & \frac{\partial^2}{\partial x_n\partial x_2}F(\boldsymbol{x}) & \cdots & \frac{\partial^2}{\partial x_n^2}F(\boldsymbol{x}) \end{bmatrix} \tag{2-20}$$

方向导数　梯度的第 i 个元素 $\dfrac{\partial F(\boldsymbol{x})}{\partial x_i}$ 是函数 F 在 x_i 轴的一阶导数。那么如何求函数 F 在

任意方向上的一阶导数呢？设 p 为沿所求导数方向上的一个向量，此方向导数可由式（2-21）求出：

$$\frac{p^{\mathrm{T}}\nabla F(x)}{\|p\|} \qquad (2\text{-}21)$$

考虑函数 $F(x) = x_1^2 + 2x_2^2$，假设求沿向量 $p = [2 - 1]^{\mathrm{T}}$ 的方向在点 $x^* = [0.5\ 0.5]^{\mathrm{T}}$ 处的导数。首先求在 x^* 的梯度：

$$\nabla F(x)|_{x=x^*} = \begin{bmatrix} \dfrac{\partial}{\partial x_1} F(x) \\ \dfrac{\partial}{\partial x_2} F(x) \end{bmatrix}|_{x=x^*} = \begin{bmatrix} 2x_1 \\ 4x_2 \end{bmatrix}|_{x=x^*} = \begin{bmatrix} 1 \\ 2 \end{bmatrix} \qquad (2\text{-}22)$$

沿着 p 方向的导数也可求出：

$$\frac{p^{\mathrm{T}}\nabla F(x)}{\|p\|} = \frac{\begin{bmatrix} 2 & -1 \end{bmatrix}\begin{bmatrix} 1 \\ 2 \end{bmatrix}}{\left\| \begin{bmatrix} 2 \\ -1 \end{bmatrix} \right\|} = \frac{0}{\sqrt{5}} = 0 \qquad (2\text{-}23)$$

因此函数经过点 x^* 在 p 方向上的斜率为零。方向导数定义中分子部分为方向向量与梯度的内积，所以任何与梯度正交的方向上的斜率都为零，而当方向向量与梯度同向时会出现最大斜率，即沿梯度方向的方向导数最大，与梯度正交方向上的导数为零。

第 3 章

神经网络与学习规则

本章主要介绍神经网络的基本结构、工作原理，以及常用的学习规则（也称训练算法），重点介绍感知机学习、Hebb 学习及性能学习等神经网络学习规则。

学习规则 所谓学习规则就是修改神经网络的权值和偏置值的方法与过程。学习规则大致可分为三大类：有监督学习、无监督学习和增强学习。

❑ **有监督学习**。在有监督学习中，首先确定一组描述网络行为的实例集合（训练集），$\{p_1, t_1\}, \{p_2, t_2\}, \cdots, \{p_q, t_q\}$，其中 P_q 为网络的输入，t_q 为相应的正确（目标）输出。当输入作用于网络时，将网络的实际输出与目标输出相比较，然后学习规则调整网络的权值和偏置值，从而使网络的实际输出越来越接近于目标输出。感知机的学习规则就属于这一类。

❑ **无监督学习**。在无监督学习中，仅仅根据网络的输入调整网络的权值和偏置值，它没有目标输出。

❑ **增强学习**。增强学习与有监督学习类似，只是它并不像有监督学习那样为每个输入提供相应的目标输出，而是仅仅给出一个级别（或者评分）。这个级别是对网络在某些输入序列上的性能测度。

3.1 神经元模型与网络结构

3.1.1 神经元模型

神经网络是由神经元组成的。一个单输入神经元如图 3.1 所示。标量输入 p 乘以标量权值 ω 得到 ωp，再将其送入累加器。另一个输入 1 乘以偏置值 b，再将其送入累加器。累加

器的输出 n 通常称为净输入，它被送入一个传输函数（激活函数）f，在 f 中产生神经元的标量输出 a。

单输入神经元的数学模型为：$a=f(\omega p+b)$。

通常一个神经元具有多个输入。具有 R 个输入的神经元如图 3.2 所示。其输入 p_1，p_2，$\cdots$，p_R 分别对应权值矩阵 W 的元素 $\omega_{1,1}$，$\omega_{1,2}$，$\cdots$，$\omega_{1,R}$。该神经元有一个偏置值 b，它与所有输入的加权和累加，从而得到净输入 n：

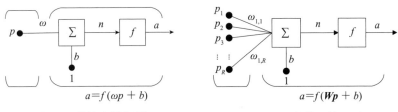

图 3.1　单输入神经元　　　　　　　图 3.2　多输入神经元

$$n=\omega_{1,1}p_1+\omega_{1,2}p_2+\cdots+\omega_{1,R}p_R+b \tag{3-1}$$

这个表达式可以写成矩阵形式：$n=Wp+b$，则多输入神经元的数学模型为：

$$a=f(Wp+b) \tag{3-2}$$

f 为神经元模型中的传输函数，也可称为激活函数，该函数可以是 n 的线性或者非线性函数。传输函数的选择不仅与神经网络应用相关，而且与神经网络学习过程存在紧密关系，这部分内容会在后续章节重点介绍。本节重点介绍四种常用传输函数。

硬极限传输函数　硬极限传输函数如图 3.3a 所示。当函数自变量小于 0 时，函数输出为 0；当函数自变量大于或者等于 0 时，函数输出为 1。它可以用于分类应用。图 3.3b 描述了使用硬极限传输函数的单输入神经元的输入/输出特征曲线。

线性传输函数　线性传输函数的输出等于输入，如图 3.4a 所示。图 3.4b 是使用线性传输函数的单输入神经元的输入/输出特征曲线。

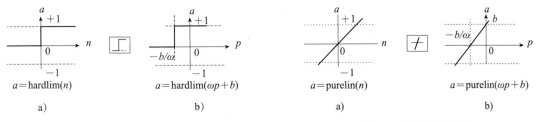

a)　　　　　　　　　　b)　　　　　　　　　　　　a)　　　　　　　　　　b)

图 3.3　硬极限传输函数　　　　　　　　　　图 3.4　线性传输函数

对数 -S 形传输函数　对数 -S 形（sigmoid）传输函数如图 3.5a 所示。该传输函数的输入在（$-\infty$，$+\infty$）之间取值，输出则在 0~1 之间取值，其数学表达式为：

$$a=\frac{1}{1+e^{-n}} \qquad (3\text{-}3)$$

图 3.5b 是使用 sigmoid 传输函数的单输入神经元的输入 / 输出特征曲线。

Softmax 传输函数 在神经网络分类应用中，采用 Softmax 传输函数替代 sigmoid 传输函数，往往能够达到更好的学习效果。Softmax 传输函数可表示为：

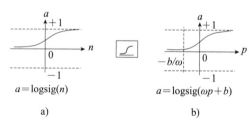

$$a=\mathrm{logsig}(n) \qquad \qquad a=\mathrm{logsig}(\omega p+b)$$
$$\text{a)} \qquad \qquad \text{b)}$$

图 3.5 对数 -S 形传输函数

$$a_j^L=\frac{e^{z_j^L}}{\sum_k e^{z_k^L}} \qquad (3\text{-}4)$$

其中

$$z_j^L=\sum_k \omega_{jk}^L a_k^{L-1}+b_j^L \qquad (3\text{-}5)$$

分母是把所有神经元的净输入值加起来，当 z_j 增大时，a_j 也随之增大，其他 a 随之减小。事实上，其他 a 减小的值总是刚好等于 a_j 增加的值，总和为 1 保持不变。进一步来说，Softmax 的每个输出值都是大于或等于 0，而且总和等于 1。

$$\sum_j a_j^L=\frac{\sum_j e^{z_j^L}}{\sum_k e^{z_k^L}}=1 \qquad (3\text{-}6)$$

这里可以将输出看作分类等于每个可能分类标签的概率。如果输出层是 sigmoid 层，不能默认输出总和为 1，所以不能轻易描述为概率分布。

3.1.2 神经网络结构

一般来说，单个神经元并不能满足实际应用的要求。在实际应用中需要有多个并行操作的神经元来完成分类等任务，这些并行操作的神经元组成的集合称为"层"，神经元层是组成神经网络的基础结构。

1. 单层神经网络

图 3.6 所示是由 S 个神经元组成的单层神经网络。R 个输入中的每一个均与每个神经元相连，权值矩阵现在有 S 行，每一行代表一个神经元的权值。输入向量 $\boldsymbol{p}$ 的每个元素均通过权值矩阵 $\boldsymbol{W}$ 和每个神经元相连。每个神经元有一个偏置值 b_i、一个累加器、一个传输函数 f 和一个输出 a_i。将所有神经元的输出结合在一起，可以得到一个输出向量

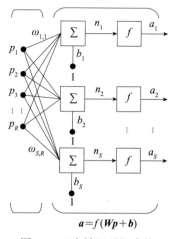

$$\boldsymbol{a}=f(\boldsymbol{Wp}+\boldsymbol{b})$$

图 3.6 S 个神经元组成的
单层神经网络

a。通常每层的输入个数并不一定等于该层神经元的数目（即 $R \neq S$），同时同一层中所有神经元的传输函数也不一定都一样。

该网络权值矩阵可表示为：

$$W = \begin{bmatrix} \omega_{1,1} & \omega_{1,2} & \cdots & \omega_{1,R} \\ \omega_{2,1} & \omega_{2,2} & \cdots & \omega_{2,R} \\ \vdots & \vdots & & \vdots \\ \omega_{S,1} & \omega_{S,2} & \cdots & \omega_{S,R} \end{bmatrix} \quad (3\text{-}7)$$

矩阵 ***W*** 中元素的行下标代表该权值相应连接输出的目的神经元，而列下标代表该权值相应连接的输入源神经元。如 $\omega_{3,2}$ 代表从前层第二个神经元到当前层第三个神经元的连接的权值。具有 S 个神经元、R 个输入的单层网络能用图 3.7 所示简化符号表示。

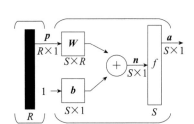

S 个神经元组成的单层神经网络的数学模型为：

$$a = f(Wp + b) \quad (3\text{-}8)$$

图 3.7　S 个神经元的单层
神经网络简化表示

2. 多层神经网络

实际应用中，为了取得更好的分类或者拟合效果，往往采用多层神经网络结构。这里以如图 3.8 所示的三层网络为例，来介绍多层神经网络的概念。

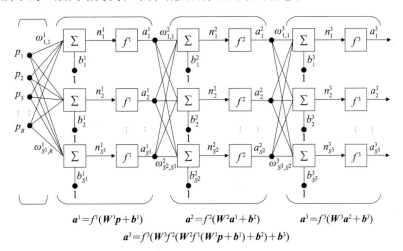

图 3.8　三层神经网络

第一层权值矩阵可以写为 ***W***¹，第二层权值矩阵可以写为 ***W***²，第三层权值矩阵可以写为 ***W***³，其他层以此类推。第一层有 R 个输入、S^1 个神经元，第二层有 S^2 个神经元……注意不同层可以有不同数目的神经元。第一层和第二层的输出分别是第二层和第三层的输入。据此可以将第二层看作一个单层网络，它有 $R = S^1$ 个输入，$S = S^2$ 个神经元，和一个 $S^2 \times S^1$

维的权值矩阵 $\boldsymbol{W}^2$。第二层的输入是 $\boldsymbol{a}^1$，输出是 $\boldsymbol{a}^2$。如果某层的输出就是网络的输出，那么称该层为输出层，而输入层和输出层之外的其他层叫作隐藏层。三层网络可以用如图 3.9 所示的形式简化表示。

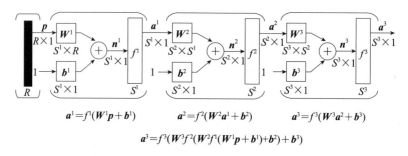

$$a^1=f^1(\boldsymbol{W}^1\boldsymbol{p}+\boldsymbol{b}^1) \qquad a^2=f^2(\boldsymbol{W}^2\boldsymbol{a}^1+\boldsymbol{b}^2) \qquad a^3=f^3(\boldsymbol{W}^3\boldsymbol{a}^2+\boldsymbol{b}^3)$$

$$a^3=f^3(\boldsymbol{W}^3f^2(\boldsymbol{W}^2f^1(\boldsymbol{W}^1\boldsymbol{p}+\boldsymbol{b}^1)+\boldsymbol{b}^2)+\boldsymbol{b}^3)$$

图 3.9　三层神经网络简化表示

三层神经网络数学模型为：

$$a^3=f^3(\boldsymbol{W}^3f^2(\boldsymbol{W}^2f^1(\boldsymbol{W}^1\boldsymbol{p}+\boldsymbol{b}^1)+\boldsymbol{b}^2)+\boldsymbol{b}^3) \qquad (3\text{-}9)$$

3.2　感知机学习

感知机[1]是最基本的神经网络结构之一。单层感知机只能识别一些线性可分的模式，对于非线性分类应用，则需要多层感知机结构才能解决问题。实际应用中大量的复杂神经网络结构都可以看作多层感知机的扩展形式。

3.2.1　感知机定义及结构

1. 单神经元感知机

图 3.10 所示是最基本的两输入单神经元感知机，传输函数采用硬极限函数，该感知机可以将输入向量分为两类。例如，如果 $\omega_{1,1}=-1$，且 $\omega_{1,2}=1$，那么

$$a=\mathrm{hardlim}(n)=\mathrm{hardlim}([-1\ \ 1]\boldsymbol{p}+b) \qquad (3\text{-}10)$$

可以看出，如果权值矩阵与输入向量的内积大于或等于 $-b$，感知机的输出为 1；如果权值矩阵与输入向量的内积小于 $-b$，感知机的输出为 0。这就将输入空间划分为两个部分。图 3.11 所示为在 $b=-1$ 的情况下，该感知机对输入空间的划分情况。图中的斜线为分界线，表示净输入 n 等于 0 的各点组合。

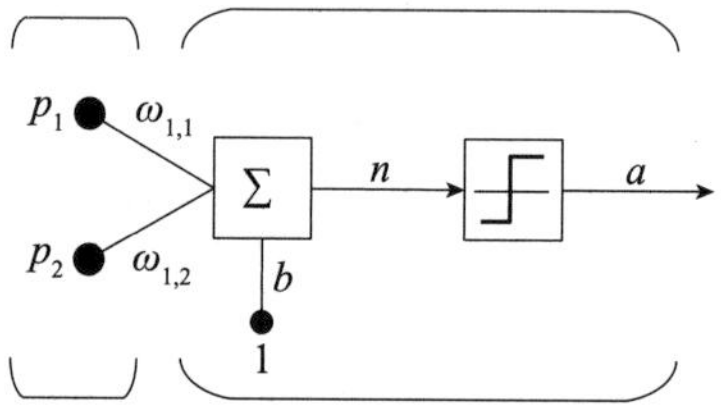

$a=\mathrm{hardlim}(\boldsymbol{Wp}+b)$

图 3.10　两输入单神经元感知机

$$n=[-1\ \ 1]\boldsymbol{p}-1=0 \qquad (3\text{-}11)$$

由图 3.11 可知，该判定边界与权值矩阵正交，且边界的位置随 b 的改变而上下移动。

输入向量在沿权值向量正方向所在空间内取值时，$n>0$，感知机输出为 1；输入向量在沿权值向量反方向所在空间内取值时，$n<0$，感知机输出为 0。换句话说就是权值向量总是指向神经元输出为 1 的区域。

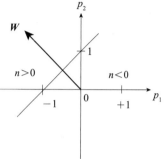

单神经元感知机将输入向量分为两类。类与类之间的判定边界为：

$$\boldsymbol{W}\boldsymbol{p}+b=0 \qquad （3-12）$$

2. 多神经元感知机

图 3.12 所示为多神经元感知机结构。其权值矩阵见式（3-7），可以将构成 $\boldsymbol{W}$ 的第 i 个行向量定义为：

图 3.11　感知机判定边界

$$_i\boldsymbol{W}=\begin{bmatrix} \omega_{i,1} \\ \omega_{i,2} \\ \vdots \\ \omega_{i,R} \end{bmatrix} \qquad （3-13）$$

据此可将权值矩阵 $\boldsymbol{W}$ 重写为：

$$\boldsymbol{W}=\begin{bmatrix} _1\boldsymbol{W}^{\mathrm{T}} \\ _2\boldsymbol{W}^{\mathrm{T}} \\ \vdots \\ _S\boldsymbol{W}^{\mathrm{T}} \end{bmatrix} \qquad （3-14）$$

每个神经元都有一个判定边界。第 i 个神经元的判定边界定义为：

$$_i\boldsymbol{W}^{\mathrm{T}}\boldsymbol{p}+b_i=0 \qquad （3-15）$$

由于单神经元感知机的输出只能为 0 或者 1，所以它可以将输入向量分为两类。而多神经元感知机可以将输入分为许多类，每一类都由不同的输出向量表示。由于输出向量的每个元素可以取值 0 或者 1，所以共有 2^S 种可能的类别，其中 S 是多神经元感知机中神经元的数目。

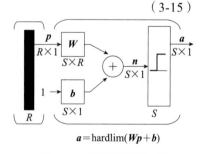

$$\boldsymbol{a}=\mathrm{hardlim}(\boldsymbol{W}\boldsymbol{p}+\boldsymbol{b})$$

图 3.12　多神经元感知机

3.2.2　感知机学习规则

1. 直接法

直接法为感知机学习最常见的规则。其过程为：首先根据应用分类，确定感知机的神经元数目；然后在输入向量空间内，确定输入向量分类的边界，并对边界采用数学模型进行描述；最后根据数学模型得出感知机权值矩阵与偏置向量等网络参数。如前所述，感知机的判定边界与权值矩阵、偏置值的关系为 $_iW^{\mathrm{T}}p+b_i=0$。当判定边界数学模型给出后，根据此关系很容易得到感知机的网络参数。

实例 采用直接法设计能够实现"与门"逻辑功能的感知机网络。与门的输入 / 输出对为：

$$\left\{p_1=\begin{bmatrix}0\\0\end{bmatrix},t_1=0\right\}\left\{p_2=\begin{bmatrix}0\\1\end{bmatrix},t_2=0\right\}\left\{p_3=\begin{bmatrix}1\\0\end{bmatrix},t_3=0\right\}\left\{p_4=\begin{bmatrix}1\\1\end{bmatrix},t_4=1\right\}$$

首先，"与门"应用输出为 0 或者 1，属于二分类，故需要一个神经元。然后，将上面的数据用图 3.13a 进行描述，该图依据输入向量的目标值显示输入空间，目标值为 1 的输入向量用黑色圆圈 ● 表示，目标值为 0 的输入向量用空心圆圈 ○ 表示。接着确定输入向量分类的边界线，能够划分黑色圆圈和空心圆圈的线有无数条，这里选择刚好处于这两类输入的正中间的直线，如图 3.13b 所示。该边界线可用数学表达式 $p_2=-p_1+1.5$ 描述，即 $p_1+p_2-1.5=0$。最后，根据感知机的判定边界与权值矩阵、偏置值的关系 $_iW^{\mathrm{T}}p+b_i=0$，很容易得出感知机网络参数 $W=[1\ 1]$，$b=-1.5$。这里需要注意的是，对分界线的数学描述存在很多，$p_1+p_2-1.5=0$ 可以，$2p_1+2p_2-3=0$ 也可以，当采用 $2p_1+2p_2-3=0$ 来描述分界线时，感知机网络参数就为 $W=[2\ 2]$，$b=-3$。

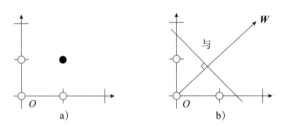

图 3.13 "与门"特征空间及分类边界线

2. 迭代法

迭代法属于有监督学习的一种。首先确定训练集，然后在每个输入作用到网络上时，将网络的实际输出与目标进行比较，接着学习规则调整网络的权值与偏置值，使得网络的实际输出进一步接近目标输出。具体方法如下。

将感知机的误差定义为一个新的变量 e：

$$e=t-a \tag{3-16}$$

对于单神经元感知机，学习规则为：

$$_1W^{\mathrm{new}}=_1W^{\mathrm{old}}+ep \tag{3-17}$$

$$b^{\mathrm{new}}=b^{\mathrm{old}}+e \tag{3-18}$$

对于多神经元感知机，学习规则为：

$$W^{\text{new}} = W^{\text{old}} + ep^{\text{T}} \tag{3-19}$$

$$b^{\text{new}} = b^{\text{old}} + e \tag{3-20}$$

实例 采用迭代法设计能够实现下述分类功能的感知机网络。训练集输入/输出对为：

$$\left\{ p_1 = \begin{bmatrix} 1 \\ 2 \end{bmatrix}, t_1 = 1 \right\} \left\{ p_2 = \begin{bmatrix} -1 \\ 2 \end{bmatrix}, t_2 = 0 \right\} \left\{ p_3 = \begin{bmatrix} 0 \\ -1 \end{bmatrix}, t_3 = 0 \right\}$$

此问题采用图 3.14a 说明，图中目标输出为 0 的两个输入向量用空心○表示，目标输出为 1 的输入向量用黑色圆圈●表示。显然这是一个二分类问题，采用一个神经元就可以解决。同时，可以完成这些输入向量分类的边界线有无数条，这里为了简化网络及学习过程，采用过原点的分界线。于是网络就没有偏置值，只需调整两个参数 $\omega_{1,1}$ 和 $\omega_{1,2}$，分类网络模型如图 3.14b 所示。

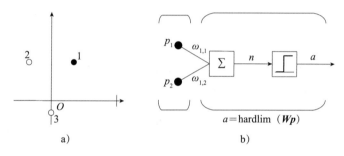

图 3.14 实例特征空间与分类网络模型

根据过原点分界线情况，先对两个权值初始化，这里随机取值为：

$$_1W^{\text{T}} = \begin{bmatrix} 1.0 & -0.8 \end{bmatrix} \tag{3-21}$$

现在将输入变量 p_1 送入网络：

$$a = \text{hardlim}(_1W^{\text{T}}p_1) = \text{hardlim}\left(\begin{bmatrix} 1.0 & -0.8 \end{bmatrix} \begin{bmatrix} 1 \\ 2 \end{bmatrix} \right)$$

$$= \text{hardlim}(-0.6) = 0 \tag{3-22}$$

网络没有返回正确的值。该网络当前实际输出为 0，而相应目标输出值 t_1 却为 1。

根据迭代法学习规则，$_1W^{\text{new}} = {_1W^{\text{old}}} + ep$，此时 $t=1$，且 $a=0$，则 $_1W^{\text{new}} = {_1W^{\text{old}}} + p$，于是新的 $_1W$ 值为：

$$_1W^{\text{new}} = {_1W^{\text{old}}} + p_1 = \begin{bmatrix} 1.0 \\ -0.8 \end{bmatrix} + \begin{bmatrix} 1.0 \\ 2 \end{bmatrix} = \begin{bmatrix} 2.0 \\ 1.2 \end{bmatrix} \tag{3-23}$$

然后送入另一个输入向量 p_2，继续对权值进行调整。

$$a=\text{hardlim}({}_1\boldsymbol{W}^{\text{T}}\boldsymbol{p}_2)=\text{hardlim}\left(\begin{bmatrix}2.0 & 1.2\end{bmatrix}\begin{bmatrix}-1\\2\end{bmatrix}\right)$$

$$=\text{hardlim}(0.4)=1 \qquad (3\text{-}24)$$

网络没有返回正确的值。该网络当前实际输出为 1，而相应目标输出值 t_2 却为 0。

根据迭代法学习规则，${}_1\boldsymbol{W}^{\text{new}}={}_1\boldsymbol{W}^{\text{old}}+e\boldsymbol{p}$，此时 $t=0$，且 $a=1$，则 ${}_1\boldsymbol{W}^{\text{new}}={}_1\boldsymbol{W}^{\text{old}}-\boldsymbol{p}$，于是新的 ${}_1\boldsymbol{W}$ 值为：

$$_1\boldsymbol{W}^{\text{new}}={}_1\boldsymbol{W}^{\text{old}}-\boldsymbol{p}_2=\begin{bmatrix}2.0\\1.2\end{bmatrix}-\begin{bmatrix}-1\\2\end{bmatrix}=\begin{bmatrix}3.0\\-0.8\end{bmatrix} \qquad (3\text{-}25)$$

接下来继续送入第三个输入向量 $\boldsymbol{p}_3$，继续对权值进行调整。

$$a=\text{hardlim}({}_1\boldsymbol{W}^{\text{T}}\boldsymbol{p}_3)=\text{hardlim}\left(\begin{bmatrix}3.0 & -0.8\end{bmatrix}\begin{bmatrix}0\\-1\end{bmatrix}\right)$$

$$=\text{hardlim}(0.8)=1 \qquad (3\text{-}26)$$

网络还是没有返回正确的值。该网络当前实际输出为 1，而相应目标输出值 t_3 却为 0。

根据迭代法学习规则，${}_1\boldsymbol{W}^{\text{new}}={}_1\boldsymbol{W}^{\text{old}}+e\boldsymbol{p}$，此时 $t=0$，且 $a=1$，则 ${}_1\boldsymbol{W}^{\text{new}}={}_1\boldsymbol{W}^{\text{old}}-\boldsymbol{p}$，于是新的 ${}_1\boldsymbol{W}$ 值为：

$$_1\boldsymbol{W}^{\text{new}}={}_1\boldsymbol{W}^{\text{old}}-\boldsymbol{p}_3=\begin{bmatrix}3.0\\-0.8\end{bmatrix}-\begin{bmatrix}0\\-1\end{bmatrix}=\begin{bmatrix}3.0\\0.2\end{bmatrix} \qquad (3\text{-}27)$$

继续将上述三个向量送入感知机，可知分类都正确。感知机网络训练完成。

3.3　Hebb 学习

Hebb 假设　当细胞 A 的轴突到细胞 B 的距离近到足够激励它，且反复地或持续地刺激 B，那么在这两个或者一个细胞中将发生某种增长过程或代谢反应，增加细胞 A 对细胞 B 的刺激效果。

3.3.1　无监督 Hebb 学习

Hebb 假设的数学解释为：如果一个正的输入 p_j 产生一个正的输出 a_i，那么应该增加 ω_{ij} 的值。数学模型为：

$$\omega_{ij}^{\text{new}}=\omega_{ij}^{\text{old}}+\alpha a_{iq}p_{jq} \qquad (3\text{-}28)$$

其中 α 为学习速度，一般取正值，p_{jq} 为第 q 个输入向量 $\boldsymbol{p}_q$ 的第 j 个元素，a_{iq} 为把第 q 个输入向量提交给网络时网络输出的第 i 个元素。这个公式表明：权值 ω_{ij} 的变化与突触两边的值的乘积成比例，权值不仅在 p_j 和 a_i 均为正时会增大，而且在 p_j 和 a_i 均为负时也会增大，而只要 p_j 和 a_i 的符号相反，就会使权值减小。式（3-28）是一种无监督的学习规则，它不需要关于目标输出的任何相关信息。可以将其写成如下向量形式：

$$W^{\text{new}} = W^{\text{old}} + \alpha \boldsymbol{a}_q \boldsymbol{p}_q^{\text{T}} \tag{3-29}$$

3.3.2 有监督 Hebb 学习

有监督 Hebb 学习规则在无监督规则基础上，将实际输出改为目标输出。其学习规则数学模型为：

$$\omega_{ij}^{\text{new}} = \omega_{ij}^{\text{old}} + \alpha t_{iq} p_{jq} \tag{3-30}$$

为了简单起见，这里设置学习速度 α 的值为 1，那么式（3-30）可以写成如下向量形式：

$$W^{\text{new}} = W^{\text{old}} + \boldsymbol{t}_q \boldsymbol{p}_q^{\text{T}} \tag{3-31}$$

假设权值矩阵初始化为 **0**，然后 Q 个训练数据依次应用于式（3-31），那么有：

$$W = \boldsymbol{t}_1 \boldsymbol{p}_1^{\text{T}} + \boldsymbol{t}_2 \boldsymbol{p}_2^{\text{T}} + \cdots + \boldsymbol{t}_Q \boldsymbol{p}_Q^{\text{T}} = \sum_{q=1}^{Q} \boldsymbol{t}_q \boldsymbol{p}_q^{\text{T}} \tag{3-32}$$

性能分析 神经网络为如图 3.15 所示的线性联想器，传输函数采用线性传输函数。首先设输入向量 $\boldsymbol{p}_q$ 为标准正交向量，如果将 $\boldsymbol{p}_k$ 向量输入到网络，那么网络产生的输出为：

$$\boldsymbol{a} = W\boldsymbol{p}_k = \left[\sum_{q=1}^{Q} \boldsymbol{t}_q \boldsymbol{p}_q^{\text{T}} \right] \boldsymbol{p}_k = \sum_{q=1}^{Q} \boldsymbol{t}_q (\boldsymbol{p}_q^{\text{T}} \boldsymbol{p}_k) \tag{3-33}$$

由于 $\boldsymbol{p}_q$ 为标准正交向量，所以有

$$\boldsymbol{p}_q^{\text{T}} \boldsymbol{p}_k = \begin{cases} 1, & q = k \\ 0, & q \neq k \end{cases} \tag{3-34}$$

因此式（3-33）可重写为

$$\boldsymbol{a} = W\boldsymbol{p}_k = \boldsymbol{t}_k \tag{3-35}$$

网络的实际输出等于相应的目标输出。这表明：如果输入原型向量为标准正交向量，Hebb 规则就能为每一个输入生成正确的输出结果。

但是当输入向量不是正交向量时，这个结论就不再成立。假设每个向量 $\boldsymbol{p}_q$ 都是单位向量，但是它们之间并不正交，那么式（3-33）就变为：

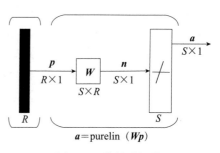

图 3.15 线性联想器

$$a = Wp_k = t_k + \underbrace{\sum_{q \neq k} t_q(p_q^{\mathrm{T}} p_k)}_{\text{误差}} \qquad (3\text{-}36)$$

由于这些向量不正交，所以网络输出存在误差。

Hebb 有监督学习变形 为了避免权值矩阵无限制增大，可在原有模型基础上引入衰减项，数学模式为：

$$W^{\mathrm{new}} = W^{\mathrm{old}} + \alpha t_q p_q^{\mathrm{T}} - \gamma W^{\mathrm{old}} = (1 - \gamma)W^{\mathrm{old}} + \alpha t_q p_q^{\mathrm{T}} \qquad (3\text{-}37)$$

其中 γ 是小于 1 的正的常数。如果 γ 趋近于零，那么学习规则趋近于标准规则；如果 γ 趋近于 1，那么学习规则将很快忘记旧的输入，仅记忆最近的输入模式。

另外一种变形为增量学习规则，数学模型为：

$$W^{\mathrm{new}} = W^{\mathrm{old}} + \alpha(t_q - a_q)p_q^{\mathrm{T}} \qquad (3\text{-}38)$$

这种增量规则很重要，是后续性能学习的基础。

3.4 性能学习

性能学习是神经网络应用中最重要的一类学习规则（训练方法）。其学习过程分为两个步骤。第一步是定义性能指数（性能曲面），这是衡量网络性能的定量标准，性能指数在网络性能良好时值很小，反之则很大。性能指数的选择直接决定了网络训练的复杂度及网络推理的准确度。第二步是按照某种特定规则调整网络权值和偏置值，搜索减小性能指数，直到达到最优点。

3.4.1 性能指数

性能指数用于衡量网络的性能好坏，其是多维空间下的一个曲面，自变量为神经网络的权值和偏置值，因变量为所有训练实例的网络实际输出与目标输出之间的距离统计。多数应用中的性能曲面为一个凸函数，即存在最小点，训练过程即通过迭代优化不断调整网络权值与偏置值，直到性能指数最优（最小）。对于同一个应用，考虑训练的复杂度及推理的准确率等因素，也可以选择不同的性能指数（曲面）。性能指数与后续章节提到的损失函数类似，但不是一个概念，性能指数的范围更大些。图 3.16 为具有两个自变量的某种性能曲面图。

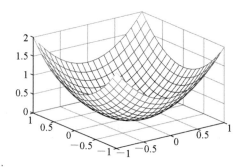

图 3.16 性能曲面图示例

3.4.2　梯度下降法

梯度下降法是神经网络应用中搜索参数空间，确定性能曲面最优点的学习（训练）算法的基础。假设性能指数为 $F(\boldsymbol{x})$，学习的目的是求出使 $F(\boldsymbol{x})$ 最小化的 $\boldsymbol{x}$ 的值。首先给定一个初始值 $\boldsymbol{x}_0$，然后按照等式

$$\boldsymbol{x}_{k+1}=\boldsymbol{x}_k+\alpha_k\boldsymbol{p}_k \tag{3-39}$$

逐步改变 $\boldsymbol{x}$ 值。这里向量 $\boldsymbol{p}_k$ 代表一个搜索方向，α_k 代表大于零的学习速度（步长）。

当用式（3-39）进行最优点迭代时，函数每次迭代时都要减小，即

$$F(\boldsymbol{x}_{k+1})<F(\boldsymbol{x}_k) \tag{3-40}$$

考虑式（2-18）的 $F(\boldsymbol{x})$ 在 $\boldsymbol{x}_k$ 的一阶泰勒级数展开：

$$F(\boldsymbol{x}_{k+1})=F(\boldsymbol{x}_k+\Delta\boldsymbol{x}_k)\approx F(\boldsymbol{x}_k)+\boldsymbol{g}_k^{\mathrm{T}}\Delta\boldsymbol{x}_k \tag{3-41}$$

其中 $\boldsymbol{g}_k$ 为 $F(\boldsymbol{x})$ 在 $\boldsymbol{x}_k$ 处的梯度，即

$$\boldsymbol{g}_k=\nabla F(\boldsymbol{x})\big|_{x=x_k} \tag{3-42}$$

要使得 $F(\boldsymbol{x}_{k+1})<F(\boldsymbol{x}_k)$，式（3-41）右边的第二项必须为负，即

$$\boldsymbol{g}_k^{\mathrm{T}}\Delta\boldsymbol{x}_k=\alpha_k\boldsymbol{g}_k^{\mathrm{T}}\boldsymbol{p}_k<0 \tag{3-43}$$

这里 α_k 选择较小的正数。于是

$$\boldsymbol{g}_k^{\mathrm{T}}\boldsymbol{p}_k<0 \tag{3-44}$$

满足上式的任意向量 $\boldsymbol{p}_k$ 都为一个下降方向，如果沿此方向移动足够小的步长，函数就一定递减，而最快速下降的方向为 $\boldsymbol{g}_k^{\mathrm{T}}\boldsymbol{p}_k$ 为最大的负数时 $\boldsymbol{p}_k$ 所取的方向。根据前面章节方向导数的论述，当方向向量 $\boldsymbol{p}_k$ 与梯度反向时，$\boldsymbol{g}_k^{\mathrm{T}}\boldsymbol{p}_k$ 为负且绝对值最大，所以最快速下降方向的向量为：

$$\boldsymbol{p}_k=-\boldsymbol{g}_k \tag{3-45}$$

因此，式（3-39）可修正为

$$\boldsymbol{x}_{k+1}=\boldsymbol{x}_k-\alpha_k\boldsymbol{g}_k \tag{3-46}$$

在神经网络应用中 $\boldsymbol{x}$ 指权值和偏置值，所以式（3-46）可表示为：

$$\omega_{i,j}^m(k+1)=\omega_{i,j}^m(k)-\alpha\frac{\partial F}{\partial\omega_{i,j}^m} \tag{3-47}$$

$$b_i^m(k+1)=b_i^m(k)-\alpha\frac{\partial F}{\partial b_i^m} \tag{3-48}$$

这种通过不断迭代来更新权值和偏置值的方法称为梯度下降法。

3.4.3 随机梯度下降法

由于性能指数 $F(\boldsymbol{x})$ 表征的是所有训练实例的实际输出与目标输出之间距离的统计，因此在网络训练的每次迭代过程中，对于每一个训练实例，都需要计算梯度向量。如果训练数据集太大（实际应用中为了获得较高的网络性能，训练集一般都很大），那么训练时间就会很长。

$$\omega_{i,j}^{m}(k+1)=\omega_{i,j}^{m}(k)-\alpha\frac{\partial F}{\partial \omega_{i,j}^{m}}=\omega_{i,j}^{m}(k)-\alpha\frac{1}{n}\frac{\partial\sum\limits_{q=1}^{n}F_{p_q}}{\partial \omega_{i,j}^{m}}=\omega_{i,j}^{m}(k)-\alpha\frac{1}{n}\sum_{q=1}^{n}\frac{\partial F_{p_q}}{\partial \omega_{i,j}^{m}} \qquad (3\text{-}49)$$

$$b_{i}^{m}(k+1)=b_{i}^{m}(k)-\alpha\frac{\partial F}{\partial b_{i}^{m}}=b_{i}^{m}(k)-\alpha\frac{1}{n}\frac{\partial\sum\limits_{q=1}^{n}F_{p_q}}{\partial b_{i}^{m}}=b_{i}^{m}(k)-\alpha\frac{1}{n}\sum_{q=1}^{n}\frac{\partial F_{p_q}}{\partial b_{i}^{m}} \qquad (3\text{-}50)$$

其中 $\boldsymbol{p}_q$ 为训练集中的第 q 个实例输入向量，训练集实例个数为 n。

为了减少网络训练时间，在每次迭代过程中，仅选择 r 个训练实例来计算梯度向量，完成权值和偏置值的更新。r 越大，越接近于理想情况；r 越小，则每次迭代计算量越小，网络参数更新越快。在实际应用训练过程中，采取每次迭代时通过在训练集中随机选择 r 个训练实例计算梯度的方式完成网络参数更新。因此，这种方法称为随机梯度下降法。

$$\omega_{i,j}^{m}(k+1)=\omega_{i,j}^{m}(k)-\alpha\frac{\partial F}{\partial \omega_{i,j}^{m}}\approx\omega_{i,j}^{m}(k)-\alpha\frac{1}{r}\sum_{q=1}^{r}\frac{\partial F_{p_q}}{\partial \omega_{i,j}^{m}} \qquad (3\text{-}51)$$

$$b_{i}^{m}(k+1)=b_{i}^{m}(k)-\alpha\frac{\partial F}{\partial b_{i}^{m}}=b_{i}^{m}(k)-\alpha\frac{1}{r}\sum_{q=1}^{r}\frac{\partial F_{p_q}}{\partial b_{i}^{m}} \qquad (3\text{-}52)$$

第 4 章

反向传播

反向传播算法是神经网络最常用的训练（学习）方法，它是随机梯度下降法应用的基础。反向传播算法的提出极大地降低了网络训练的计算复杂度，有效地提升了训练过程的速度，使得神经网络在人工智能领域得到广泛的应用。

4.1 LMS 算法

LMS 算法是随机梯度下降法在单层神经网络中的一个应用，其性能指标为均方误差，该算法为多层网络应用中的反向传播算法（BP 算法）的基础。

图 4.1 所示网络的数学模型为：

$$a = \mathrm{purelin}(n) = \mathrm{purelin}({}_1\boldsymbol{W}^{\mathrm{T}}\boldsymbol{p} + b)$$

$$= {}_1\boldsymbol{W}^{\mathrm{T}}\boldsymbol{p} + b = \omega_{1,1}p_1 + \omega_{1,2}p_2 + b \tag{4-1}$$

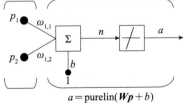

$$a = \mathrm{purelin}(\boldsymbol{W}\boldsymbol{p} + b)$$

图 4.1　两输入单层单神经元网络

为了简化讨论，将所有权值与偏置值组成一个向量：

$$\boldsymbol{x}=\begin{bmatrix} {}_1\boldsymbol{W} \\ b \end{bmatrix} \tag{4-2}$$

则输入相应变为：

$$\boldsymbol{z}=\begin{bmatrix} \boldsymbol{p} \\ 1 \end{bmatrix} \tag{4-3}$$

于是网络的数学模型可表示为：

$$a=\boldsymbol{x}^{\mathrm{T}}\boldsymbol{z} \tag{4-4}$$

该网络的均方误差可表示为：

$$F(\boldsymbol{x})=E(e^2)=E[(t-a)^2]=E[(t-\boldsymbol{x}^{\mathrm{T}}\boldsymbol{z})^2] \tag{4-5}$$

LMS 算法是随机梯度下降法的一个特例，也就是在应用随机梯度下降法优化更新网络参数时 r 取值 1，即每次迭代训练时，仅仅选择一个训练实例计算梯度向量，性能指数 $F(\boldsymbol{x})$ 可简化为：

$$\hat{F}(\boldsymbol{x})=(t(k)-a(k))^2=e^2(k) \tag{4-6}$$

则梯度向量计算为：

$$\nabla \hat{F}(\boldsymbol{x})=\nabla e^2(k) \tag{4-7}$$

其中 $\nabla e^2(k)$ 的前 R 个元素是关于网络权值的导数值，第 $R+1$ 个元素则是关于偏置值的导数值。于是有

$$\left[\nabla e^2(k)\right]_j=\frac{\partial e^2(k)}{\partial \omega_{1,j}}=2e(k)\frac{\partial e(k)}{\partial \omega_{1,j}}, \quad j=1,2,\cdots,R \tag{4-8}$$

$$\left[\nabla e^2(k)\right]_{R+1}=\frac{\partial e^2(k)}{\partial b}=2e(k)\frac{\partial e(k)}{\partial b} \tag{4-9}$$

下面对式（4-8）与式（4-9）进行化简

$$\frac{\partial e(k)}{\partial \omega_{1,j}}=\frac{\partial[t(k)-a(k)]}{\partial \omega_{1,j}}=\frac{\partial}{\partial \omega_{1,j}}\left[t(k)-({}_1\boldsymbol{W}^{\mathrm{T}}\boldsymbol{p}(k)+b)\right]$$

$$=\frac{\partial}{\partial \omega_{1,j}}\left[t(k)-\left(\sum_{i=1}^{R}\omega_{1,i}p_i(k)+b\right)\right] \tag{4-10}$$

其中 $p_i(k)$ 是第 k 次迭代中输入向量的第 i 个元素，上式可简化为：

$$\frac{\partial e(k)}{\partial \omega_{1,j}}=-p_j(k) \tag{4-11}$$

类似地可以得出：

$$\frac{\partial e(k)}{\partial b} = -1 \quad (4\text{-}12)$$

这里 $p_j(k)$ 和 1 是输入向量 z 的元素，因此第 k 次迭代时均方误差的梯度为：

$$\nabla \hat{F}(\boldsymbol{x}) = \nabla e^2(k) = -2e(k)\boldsymbol{z}(k) \quad (4\text{-}13)$$

将式（4-13）代入式（3-46），可以得出：

$$\boldsymbol{x}_{k+1} = \boldsymbol{x}_k + 2\alpha e(k)\boldsymbol{z}(k) \quad (4\text{-}14)$$

或者表示为：

$$_1\boldsymbol{W}(k+1) = {}_1\boldsymbol{W}(k) + 2\alpha e(k)\boldsymbol{p}(k) \quad (4\text{-}15)$$

$$b(k+1) = b(k) + 2\alpha e(k) \quad (4\text{-}16)$$

这些结论可以扩展到单层多神经元网络，更新权值矩阵的第 i 行和偏置值的第 i 个元素时使用：

$$_i\boldsymbol{W}(k+1) = {}_i\boldsymbol{W}(k) + 2\alpha e_i(k)\boldsymbol{p}(k) \quad (4\text{-}17)$$

$$b_i(k+1) = b_i(k) + 2\alpha e_i(k) \quad (4\text{-}18)$$

其中 $e_i(k)$ 是第 k 次迭代时误差 e 的第 i 个元素。

LMS 算法　LMS 算法的数学模型表示为：

$$\boldsymbol{W}(k+1) = \boldsymbol{W}(k) + 2\alpha e(k)\boldsymbol{p}^{\mathrm{T}}(k) \quad (4\text{-}19)$$

$$\boldsymbol{b}(k+1) = \boldsymbol{b}(k) + 2\alpha e(k) \quad (4\text{-}20)$$

这里误差 e 和偏置值 b 都是向量。

4.2　反向传播算法

反向传播算法（BP 算法）是一个更一般的 LMS 算法，可以用来训练多层网络。LMS 算法和反向传播算法的区别在于它们求解梯度的计算方式。对于单层线性网络，误差是网络权值的显式线性函数，其相对于权值的导数较为容易计算，然而对于具有非线性传输函数的多层网络而言，网络权值和误差的关系很复杂，误差对权值求导很难计算。反向传播算法采用微积分的链式法则求解梯度，极大地降低了计算的复杂度。

假设神经网络具有 M 层，该多层网络中每一层输出成为下一层的输入。描述等式为：

$$\boldsymbol{a}^{m+1} = f^{m+1}(\boldsymbol{W}^{m+1}\boldsymbol{a}^m + \boldsymbol{b}^{m+1}), \quad m = 0, 1, \cdots, M-1 \quad (4\text{-}21)$$

第一层的神经元从外部接收输入：

$$\boldsymbol{a}^0 = \boldsymbol{p} \quad (4\text{-}22)$$

最后一层神经元的输出是网络的输出：

$$a = a^M \tag{4-23}$$

4.2.1 性能指数

多层网络的 BP 算法是 LMS 算法在多层网络上的应用。它们均使用相同的性能指数：均方误差。算法训练样本集为：

$$\{\boldsymbol{p}_1, \boldsymbol{t}_1\}, \{\boldsymbol{p}_2, \boldsymbol{t}_2\}, \cdots, \{\boldsymbol{p}_q, \boldsymbol{t}_q\} \tag{4-24}$$

其中 $\boldsymbol{p}_q$ 是网络的输入向量，$\boldsymbol{t}_q$ 是对应的目标输出。训练过程中，每次迭代都会调整网络参数以使得均方误差最小化。这里的均方误差性能指数表示为：

$$F(\boldsymbol{x}) = E(\boldsymbol{e}^{\mathrm{T}}\boldsymbol{e}) = E\left[(\boldsymbol{t}-\boldsymbol{a})^{\mathrm{T}}(\boldsymbol{t}-\boldsymbol{a})\right] \tag{4-25}$$

与 LMS 算法一样，每次迭代训练时，仅选择一个训练实例计算梯度向量。或者说性能指数 $F(\boldsymbol{x})$ 可简化为：

$$\hat{F}(\boldsymbol{x}) = \left(\boldsymbol{t}(k)-\boldsymbol{a}(k)\right)^{\mathrm{T}}\left(\boldsymbol{t}(k)-\boldsymbol{a}(k)\right) = \boldsymbol{e}^{\mathrm{T}}(k)\boldsymbol{e}(k) \tag{4-26}$$

则多层网络参数更新数学模型为：

$$\omega_{i,j}^m(k+1) = \omega_{i,j}^m(k) - \alpha \frac{\partial \hat{F}}{\partial \omega_{i,j}^m} \tag{4-27}$$

$$b_i^m(k+1) = b_i^m(k) - \alpha \frac{\partial \hat{F}}{\partial b_i^m} \tag{4-28}$$

这里 α 是学习速度。

4.2.2 链式法则

对于多层网络，误差不是网络层的权值的显式函数，因此这些偏导数并不容易求得。因为误差是网络层的权值的隐函数，所以可以采用微积分中的链式法则来计算偏导数。假设有一个函数 f，它仅是变量 n 的显式函数。现在求 f 关于第三个变量 ω 的导数。链式法则为：

$$\frac{\mathrm{d}f(n(\omega))}{\mathrm{d}\omega} = \frac{\mathrm{d}f(n)}{\mathrm{d}n} \times \frac{\mathrm{d}n(\omega)}{\mathrm{d}\omega} \tag{4-29}$$

用此法则来求解式（4-27）和式（4-28）中的偏导数：

$$\frac{\partial \hat{F}}{\partial \omega_{i,j}^m} = \frac{\partial \hat{F}}{\partial n_i^m} \times \frac{\partial n_i^m}{\partial \omega_{i,j}^m} \tag{4-30}$$

$$\frac{\partial \hat{F}}{\partial b_i^m} = \frac{\partial \hat{F}}{\partial n_i^m} \times \frac{\partial n_i^m}{\partial b_i^m} \tag{4-31}$$

每个等式中的第二项均容易算出，因为 m 层的网络净输入是那一层中的权值和偏置值的显式函数：

$$n_i^m = \sum_{j=1}^{s^{m-1}} \omega_{i,j}^m a_j^{m-1} + b_i^m \qquad (4\text{-}32)$$

因此

$$\frac{\partial n_i^m}{\partial \omega_{i,j}^m} = a_j^{m-1}, \frac{\partial n_i^m}{\partial b_i^m} = 1 \qquad (4\text{-}33)$$

如果定义

$$s_i^m = \frac{\partial \hat{F}}{\partial n_i^m} \qquad (4\text{-}34)$$

则式（4-30）和式（4-31）可简化为

$$\frac{\partial \hat{F}}{\partial \omega_{i,j}^m} = s_i^m a_j^{m-1} \qquad (4\text{-}35)$$

$$\frac{\partial \hat{F}}{\partial b_i^m} = s_i^m \qquad (4\text{-}36)$$

现在多层网络参数更新数学模型可表示为

$$\omega_{i,j}^m(k+1) = \omega_{i,j}^m(k) - \alpha s_i^m a_j^{m-1} \qquad (4\text{-}37)$$

$$b_i^m(k+1) = b_i^m(k) - \alpha s_i^m \qquad (4\text{-}38)$$

采用矩阵形式表示为

$$\boldsymbol{W}^m(k+1) = \boldsymbol{W}^m(k) - \alpha \boldsymbol{s}^m (\boldsymbol{a}^{m-1})^{\mathrm{T}} \qquad (4\text{-}39)$$

$$\boldsymbol{b}^m(k+1) = \boldsymbol{b}^m(k) - \alpha \boldsymbol{s}^m \qquad (4\text{-}40)$$

其中

$$\boldsymbol{s}^m = \frac{\partial \hat{F}}{\partial \boldsymbol{n}^m} = \begin{bmatrix} \dfrac{\partial \hat{F}}{\partial n_1^m} \\[2mm] \dfrac{\partial \hat{F}}{\partial n_2^m} \\[1mm] \vdots \\[1mm] \dfrac{\partial \hat{F}}{\partial n_{s^m}^m} \end{bmatrix} \qquad (4\text{-}41)$$

4.2.3 反向传播计算敏感性

这里要计算敏感性 s^m，需要再次使用链式法则，构建通过第 $m+1$ 层的敏感性来计算第 m 层的敏感性的递推关系。推出敏感性的递推关系需要使用下面的雅可比矩阵：

$$\frac{\partial \boldsymbol{n}^{m+1}}{\partial \boldsymbol{n}^m} = \begin{bmatrix} \dfrac{\partial n_1^{m+1}}{\partial n_1^m} & \dfrac{\partial n_1^{m+1}}{\partial n_2^m} & \cdots & \dfrac{\partial n_1^{m+1}}{\partial n_{s^m}^m} \\[2mm] \dfrac{\partial n_2^{m+1}}{\partial n_1^m} & \dfrac{\partial n_2^{m+1}}{\partial n_2^m} & \cdots & \dfrac{\partial n_2^{m+1}}{\partial n_{s^m}^m} \\[1mm] \vdots & \vdots & & \vdots \\[1mm] \dfrac{\partial n_{s^{m+1}}^{m+1}}{\partial n_1^m} & \dfrac{\partial n_{s^{m+1}}^{m+1}}{\partial n_2^m} & \cdots & \dfrac{\partial n_{s^{m+1}}^{m+1}}{\partial n_{s^m}^m} \end{bmatrix} \tag{4-42}$$

接下来求这个矩阵的一个表达式。考虑矩阵的 i，j 元素：

$$\frac{\partial n_i^{m+1}}{\partial n_j^m} = \frac{\partial \left(\sum_{l=1}^{s^m} \omega_{i,l}^{m+1} a_l^m + b_i^{m+1} \right)}{\partial n_j^m} = \omega_{i,j}^{m+1} \frac{\partial a_j^m}{\partial n_j^m}$$

$$= \omega_{i,j}^{m+1} \frac{\partial f^m(n_j^m)}{\partial n_j^m} = \omega_{i,j}^{m+1} \dot{f}^m(n_j^m) \tag{4-43}$$

其中

$$\dot{f}^m(n_j^m) = \frac{\partial f^m(n_j^m)}{\partial n_j^m} \tag{4-44}$$

因此雅可比矩阵可写成

$$\frac{\partial \boldsymbol{n}^{m+1}}{\partial \boldsymbol{n}^m} = \boldsymbol{W}^{m+1} \dot{\boldsymbol{F}}^m(\boldsymbol{n}^m) \tag{4-45}$$

其中

$$\dot{\boldsymbol{F}}^m(\boldsymbol{n}^m) = \begin{bmatrix} \dot{f}^m(n_1^m) & 0 & \cdots & 0 \\[1mm] 0 & \dot{f}^m(n_2^m) & \cdots & 0 \\ \vdots & \vdots & & \vdots \\ 0 & 0 & \cdots & \dot{f}^m(n_{s^m}^m) \end{bmatrix} \tag{4-46}$$

现在可以使用矩形形式的链式法则写出敏感性的递推关系式：

$$s^m = \frac{\partial \hat{F}}{\partial \boldsymbol{n}^m} = \left(\frac{\partial \boldsymbol{n}^{m+1}}{\partial \boldsymbol{n}^m} \right)^{\mathrm{T}} \frac{\partial \hat{F}}{\partial \boldsymbol{n}^{m+1}} = \dot{\boldsymbol{F}}^m(\boldsymbol{n}^m)(\boldsymbol{W}^{m+1})^{\mathrm{T}} \frac{\partial \hat{F}}{\partial \boldsymbol{n}^{m+1}}$$

$$= \dot{\boldsymbol{F}}^m(\boldsymbol{n}^m)(\boldsymbol{W}^{m+1})^{\mathrm{T}} s^{m+1} \tag{4-47}$$

显然敏感性从最后一层通过网络被反向传播到第一层：

$$s^M \to s^{M-1} \to \cdots \to s^2 \to s^1 \qquad (4\text{-}48)$$

应用反向传播算法训练网络时，为了计算梯度，首先需要反向传播计算敏感性。最后一层的敏感性 s^M 计算为：

$$s_i^M = \frac{\partial \hat{F}}{\partial n_i^M} = \frac{\partial (t-a)^{\mathrm{T}}(t-a)}{\partial n_i^M} = \frac{\partial \sum_{j=1}^{s^M}(t_j-a_j)^2}{\partial n_i^M} = -2(t_i=a_i)\frac{\partial a_i}{\partial n_i^M} \qquad (4\text{-}49)$$

由于

$$\frac{\partial a_i}{\partial n_i^M} = \frac{\partial a_i^M}{\partial n_i^M} = \frac{\partial f^M(n_i^M)}{\partial n_i^M} = \dot{f}^M(n_i^M) \qquad (4\text{-}50)$$

可以得出：

$$s_i^M = -2(t_i-a_i)\dot{f}^M(n_i^M) \qquad (4\text{-}51)$$

用矩阵形式表示为

$$s^M = -2\dot{F}^M(n^M)(t-a) \qquad (4\text{-}52)$$

4.2.4　反向传播算法总结

第一步是通过网络将输入向量向前传播：

$$a^0 = p \qquad (4\text{-}53)$$

$$a^{m+1} = f^{m+1}(W^{m+1}a^m + b^{m+1}), \quad m=0,1,\cdots,M-1 \qquad (4\text{-}54)$$

$$a = a^M \qquad (4\text{-}55)$$

下一步是通过网络将敏感性反向传播：

$$s^M = -2\dot{F}^M(n^M)(t-a) \qquad (4\text{-}56)$$

$$s^m = \dot{F}^m(n^m)(W^{m+1})^{\mathrm{T}}s^{m+1}, \quad m=M-1,\cdots,2,1 \qquad (4\text{-}57)$$

最后，使用下式更新权值和偏置值：

$$W^m(k+1) = W^m(k) - \alpha s^m(a^{m-1})^{\mathrm{T}} \qquad (4\text{-}58)$$

$$b^m(k+1) = b^m(k) - \alpha s^m \qquad (4\text{-}59)$$

4.3　反向传播算法变形

当基本的反向传播算法应用于实际问题时，训练往往需要花去数天甚至数星期的时间，这对基于神经网络的应用研发很不利。因此，改进反向传播算法以提高网络训练收敛速度就成为神经网络技术应用的一个研究热点。

4.3.1 批数据训练法

前面章节在讲述神经网络反向传播算法时，采用每次迭代均选择一个训练实例来反向计算梯度，更新网络权值和偏置值。这种方法是随机梯度下降法的一个特例，即 $r=1$。其优点是每次迭代计算速度快，但是整体网络收敛速度较慢。相反 r 值也不能太大，否则每次迭代时都需要对 r 个训练实例分别计算梯度，训练时间也会很长。因此需要选择合适的 r 值改善网络训练速度。在实际应用训练过程中，每次迭代仅选择部分训练实例来计算梯度向量，完成权值和偏置值的更新，建议 r 取值约为训练集实例数量的 10%，训练实例的选择也存在两种方式：1）每次训练迭代时在训练集中随机选择 r 个实例，通过反向传播更新网络参数；2）每次训练迭代时在训练集中按顺序选择 r 个实例更新网络参数。每个训练实例在计算梯度时均采用前文所述的基本的反向传播算法，然后按照下式更新网络权值和偏置值。

$$\omega_{i,j}^m(k+1)=\omega_{i,j}^m(k)-\alpha\frac{\partial F}{\partial \omega_{i,j}^m}\approx\omega_{i,j}^m(k)-\alpha\frac{1}{r}\sum_{q=1}^r\frac{\partial F_{p_q}}{\partial \omega_{i,j}^m} \tag{4-60}$$

$$b_i^m(k+1)=b_i^m(k)-\alpha\frac{\partial F}{\partial b_i^m}=b_i^m(k)-\alpha\frac{1}{r}\sum_{q=1}^r\frac{\partial F_{p_q}}{\partial b_i^m} \tag{4-61}$$

4.3.2 动量训练法

在将动量应用于神经网络之前，首先考虑一个平滑效果的例子。下面是一个一阶滤波器：

$$y(k)=\gamma y(k-1)+(1-\gamma)\omega(k) \tag{4-62}$$

其中 $\omega(k)$ 是滤波器输入，$y(k)$ 是滤波器输出，γ 是动量系数，满足 $0\leqslant\gamma<1$。

假设滤波器输入为：

$$\omega(k)=1+\sin\left(\frac{2\pi k}{16}\right) \tag{4-63}$$

滤波器的效果如图 4.2 和图 4.3 所示。图 4.2 中动量系数 γ 取值 0.9，图 4.3 中动量系数 γ 取值 0.98。可以看出滤波器输出的振荡幅度低于输入的振荡幅度，而且振荡变慢，同时当 γ 增大时，滤波器输出振荡幅度减小。显然滤波器有助于减小振荡幅度，同时仍然保持平均值。

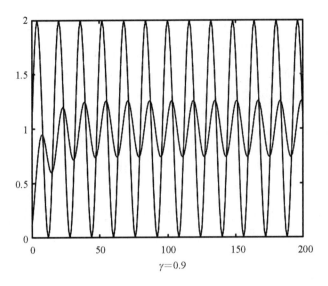

$$\gamma = 0.9$$

图 4.2 当 $\gamma = 0.9$ 时动量的平滑效果

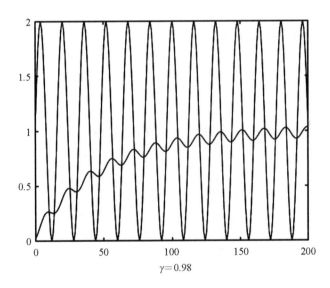

$$\gamma = 0.98$$

图 4.3 当 $\gamma = 0.98$ 时动量的平滑效果

反向传播算法参数更新公式为：

$$\Delta \boldsymbol{W}^m(k) = -\alpha \boldsymbol{s}^m \left(\boldsymbol{a}^{m-1}\right)^{\mathrm{T}} \tag{4-64}$$

$$\Delta \boldsymbol{b}^m(k) = -\alpha \boldsymbol{s}^m \tag{4-65}$$

通过增加动量改进为

$$\Delta \boldsymbol{W}^m(k) = \gamma \Delta \boldsymbol{W}^m(k-1) - (1-\gamma)\alpha \boldsymbol{s}^m \left(\boldsymbol{a}^{m-1}\right)^{\mathrm{T}} \tag{4-66}$$

$$\Delta \boldsymbol{b}^m(k)=\gamma\Delta \boldsymbol{b}^m(k-1)-(1-\gamma)\alpha \boldsymbol{s}^m \qquad (4\text{-}67)$$

通过这种方式可以降低权值和偏置值更新的速度，否则网络参数更新太快或幅度太大，很容易跳过性能指数的最优点，而且很有可能在最优点附近来回振荡，这样不仅会降低网络整体收敛速度，而且会影响网络分类准确率。

4.3.3 标准数值优化技术

神经网络训练中减小均方误差本身是一个数值优化的问题。由于数值优化技术作为一个课题已经存在大量的研究，提出了很多优秀的算法，因此从大量已有的数值优化技术中选择一个快速训练算法是非常有效的一种方式，这些算法包括共轭梯度法、Levenberg-Marquardt 算法等，它们均可以极大程度地改善神经网络训练的收敛速度。有兴趣的读者可以自行查阅，这里就不再赘述。

4.4 反向传播算法实例分析

假定需要建立神经网络来逼近函数

$$g(p)=1+\sin\left(\frac{\pi}{4}p\right),\ -2\leqslant p\leqslant 2 \qquad (4\text{-}68)$$

实现步骤：

首先，基于经验构建实现函数拟合的神经网络结构，如图 4.4 所示。

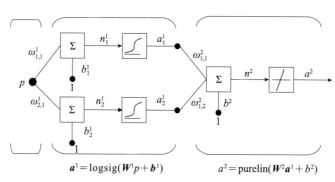

$$\boldsymbol{a}^1=\mathrm{logsig}(\boldsymbol{W}^1p+\boldsymbol{b}^1) \qquad \boldsymbol{a}^2=\mathrm{purelin}(\boldsymbol{W}^2\boldsymbol{a}^1+\boldsymbol{b}^2)$$

图 4.4 函数拟合的神经网络结构

然后，采用 BP 算法更新网络权值和偏置值。

第一步初始化网络权值和偏置值。这里选择

$$\boldsymbol{W}^1(0)=\begin{bmatrix}-0.27\\-0.41\end{bmatrix},\ \boldsymbol{b}^1(0)=\begin{bmatrix}-0.48\\-0.13\end{bmatrix},\ \boldsymbol{W}^2(0)=\begin{bmatrix}0.09 & -0.17\end{bmatrix},\ \boldsymbol{b}^2(0)=\begin{bmatrix}0.48\end{bmatrix}$$

第二步选择训练数据 $=\left\{1, 1+\sin\dfrac{\pi}{4}\right\}$，将 $p=1$ 送入网络：

$$a^0=p=1$$

第一层的输出为

$$\boldsymbol{a}^1=f^1\left(\boldsymbol{W}^1\boldsymbol{a}^0+\boldsymbol{b}^1\right)=\text{logsig}\left(\begin{bmatrix}-0.27\\-0.41\end{bmatrix}[1]+\begin{bmatrix}-0.48\\-0.13\end{bmatrix}\right)=\text{logsig}\left(\begin{bmatrix}-0.75\\-0.54\end{bmatrix}\right)$$

$$=\begin{bmatrix}\dfrac{1}{1+\text{e}^{0.75}}\\[2mm]\dfrac{1}{1+\text{e}^{0.54}}\end{bmatrix}=\begin{bmatrix}0.321\\0.368\end{bmatrix}$$

第二层的输出为

$$a^2=f^2\left(\boldsymbol{W}^2\boldsymbol{a}^1+\boldsymbol{b}^2\right)=\text{purelin}\left(\begin{bmatrix}0.09&-0.17\end{bmatrix}\begin{bmatrix}0.321\\0.368\end{bmatrix}+[0.48]\right)=0.446$$

误差将为

$$e=t-a=\left\{1+\sin\left(\dfrac{\pi}{4}p\right)\right\}-a^2=\left\{1+\sin\left(\dfrac{\pi}{4}1\right)\right\}-0.446=1.261$$

第三步求各层传输函数的导数 $\dot{f}^1(n)$ 和 $\dot{f}^2(n)$：

$$\dot{f}^1(n)=\frac{\text{d}}{\text{d}n}\left(\frac{1}{1+\text{e}^{-n}}\right)=\frac{\text{e}^{-n}}{(1+\text{e}^{-n})^2}=\left(1-\frac{1}{1+\text{e}^{-n}}\right)\left(\frac{1}{1+\text{e}^{-n}}\right)=(1-a^1)(a^1)$$

$$\dot{f}^2(n)=\frac{\text{d}}{\text{d}n}(n)=1$$

第四步反向传播计算敏感性。起始点在第二层，于是第二层敏感性为

$$\boldsymbol{s}^2=-2\dot{\boldsymbol{F}}^2(\boldsymbol{n}^2)(\boldsymbol{t}-\boldsymbol{a})=-2\left[\dot{f}^2(n^2)\right][1.261]=-2[1][1.261]=[-2.522]$$

第一层的敏感性由第二层的敏感性反向传播得到

$$\boldsymbol{s}^1=\dot{\boldsymbol{F}}^1(\boldsymbol{n}^1)(\boldsymbol{W}^2)^{\text{T}}\boldsymbol{s}^2=\begin{bmatrix}(1-a_1^1)(a_1^1)&0\\0&(1-a_2^1)(a_2^1)\end{bmatrix}\begin{bmatrix}0.09\\-0.17\end{bmatrix}[-2.522]$$

$$=\begin{bmatrix}(1-0.321)(0.321)&0\\0&(1-0.368)(0.368)\end{bmatrix}\begin{bmatrix}0.09\\-0.17\end{bmatrix}[-2.522]$$

$$=\begin{bmatrix}-0.0495\\0.0997\end{bmatrix}$$

第五步更新权值和偏置值。这里设 $\alpha=0.1$，根据式（4-58）和式（4-59）可得：

$$W^2(1) = W^2(0) - \alpha s^2 (a^1)^{\mathrm{T}} = [0.171 \quad -0.0772]$$

$$b^2(1) = b^2(0) - \alpha s^2 = [0.732]$$

$$W^1(1) = W^1(0) - \alpha s^1 (a^0)^{\mathrm{T}} = \begin{bmatrix} -0.265 \\ -0.420 \end{bmatrix}$$

$$b^1(1) = b^1(0) - \alpha s^1 = \begin{bmatrix} -0.475 \\ -0.140 \end{bmatrix}$$

这就完成了 BP 算法的第一次迭代，接下来选择另外一个训练数据执行算法的第二次迭代。迭代过程一直进行下去，直到网络响应和目标函数之差到某一可接受的水平。

第 5 章

卷积神经网络

卷积神经网络（CNN）主要应用于计算机视觉领域，用来实现图像处理、目标检测与物体识别等功能。从 1998 年第一代卷积神经网络 LeNet 出现以来，先后又出现了 AlexNet、VGGNet、GoogLeNet、ResNet 等不同结构的卷积神经网络，本章将重点讲述各类卷积神经网络的基本组成结构、网络特性以及应用场景等内容，为后续目标检测算法与网络硬件加速章节奠定基础。

5.1 卷积神经网络基础

5.1.1 全连接神经网络与卷积神经网络

前面章节中介绍的神经网络都属于全连接网络，顾名思义，就是每相邻两层之间的神经元节点都有边相连，如图 5.1 所示。对于复杂的全连接深度神经网络而言，其网络参数量（包括权值与偏置值）巨大，需要极大的内存开销。同时网络训练计算量非常大，很难收敛，而且训练时极有可能进入局部极小值，也容易产生过拟合问题。

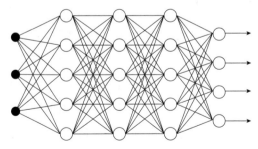

图 5.1　全连接深度神经网络结构

卷积神经网络属于局部连接网络，相邻两层之间只有部分节点相连，即只有一部分权值连接，而且这部分权值是共享的，这样就大大降低了网络权值参数的存储容量以及训练计算量，缩短了网络训练时间。

5.1.2　卷积神经网络组成结构

卷积神经网络组成结构通常包括输入层、卷积层、池化层与全连接层等。输入层主要用来处理图像数据的输入；卷积层可看作特定的滤波器，用来提取图像的特征；池化层采用平均池化或最大池化等方法实现，用于降低卷积层提取特征的维数，压缩参数量，加速网络运算；全连接层则用来根据卷积层与池化层提取的图像特征进行图像分类。

1. 卷积层

卷积层（CONV layer）的每个神经元通过卷积核（滤波器）对数据窗口（输入图像数据的一部分）内的数据进行卷积（内积）运算，所有神经元共享同一个卷积核，但是数据窗口可以按照不同的移动步长（stride）滑动，即输入数据不一样。所有神经元的输出构成特征图（feature map）。卷积核是用于图像处理的滤波器，不同的卷积核将提取图像的不同特征，如垂直边缘、水平边缘、颜色、纹理等。卷积运算由于共享卷积核权值参数，因此大大降低了权值参数的存储容量以及训练计算量。

1）单通道卷积

单通道卷积主要针对灰度图像进行卷积操作。如图 5.2 所示的例子中，卷积核尺寸为 2×2，数据窗口尺寸就是 2×2，窗口移动步长为 1，所以经过卷积运算后输出的特征图尺寸为 3×3。在实际应用中，根据设计需求，卷积核的大小与参数值、窗口移动步长等都可以改变，这样就可以得到不同的特征提取结果。

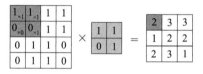

图 5.2　单通道卷积操作示意图

上面的例子如果要求输出特征图尺寸为 4×4，与原始图像大小保持一致（事实上在实际应用中卷积前后的图像尺寸经常需要保持一致），则窗口在移动三次后就会缺少数据进行卷积运算，因此这里需要采用填充（padding）技术对原始图像边缘进行补零操作，保证能够输出正确尺寸的特征图。显然，这个例子只需要在原始图像的右边和下边各补充一串零就可以。

图 5.3 所示为填充操作示例，原始图像尺寸为 4×4，卷积核尺寸为 3×3，移

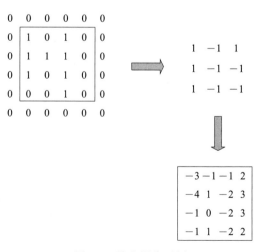

图 5.3　填充操作示例

动窗口步长取 1。通过在原始图像四周各补充一串零，原始图像尺寸变为 6×6。然后滑动窗口进行卷积运算，最终可以得到 4×4 大小的特征图。

2）多通道卷积

顾名思义，多通道卷积的输入图像具有多个通道。图像的不同通道会反映原始图像的不同特征，如 RGB 图像，3 个通道分别表示原始图像的红色、绿色以及蓝色像素值。多通道卷积主要针对 RGB 等多通道图像进行卷积运算。多通道卷积通常分为两种方法。

第一种方法示例如图 5.4 所示，3 个尺寸均为 3×3 但参数值不一样的卷积核分别与不同通道的原始图像进行卷积运算。这里的原始图像尺寸为 5×5，移动窗口步长取 1，卷积运算得到 3 个尺寸为 3×3 的特征图，最后 3 个特征图逐像素相加得到本次卷积运算的最终特征图结果。

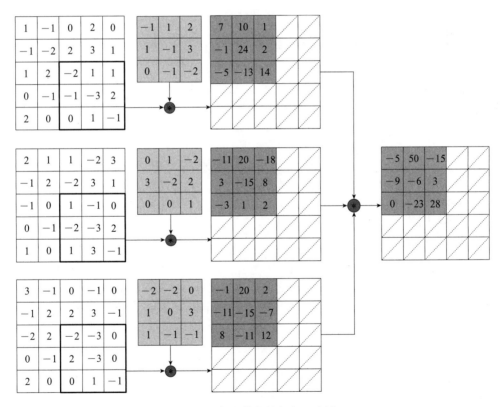

图 5.4　多通道卷积方法一示例

第二种方法示例如图 5.5 所示，该卷积层具有 2 个尺寸相同但参数不同的卷积核，最终运算得到 2 个特征图。每个卷积核分别与三个通道的原始图像进行卷积运算，再将所得 3 个特征图逐像素相加变为 1 个特征图，即每个卷积核最终运算得到 1 个对应的特征图。

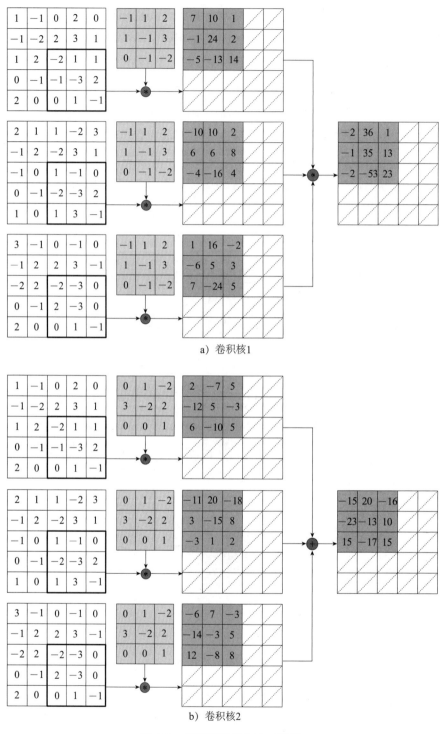

a) 卷积核1

b) 卷积核2

图 5.5   多通道卷积方法二示例

2. 池化层

池化层（pooling layer）处于连续的卷积层之间，对前面卷积层提取的特征数据进行压缩，加速网络运算过程，在一定程度上也能减少过拟合现象。池化层最主要的作用就是对特征进行降维，但是特征降维会不会损失原有的特征信息呢？这个问题其实类似于图像压缩问题，压缩是否会丢掉原始图像的部分特征信息？无损压缩会保留原始图像的所有特征信息，有损压缩则会丢失图像的部分特征。实际应用中多采用有损压缩，因为压缩后的图像大小大大减小，缓解了图像传输带宽的压力，提升了图像传输效率，同时只要在接收端能够通过解压缩恢复原始图像就没问题。池化操作对原始图像进行特征降维，在一定程度上肯定损失了部分图像特征，但是特征降维后大大减少了神经网络的运算量，加速了网络的训练与推理过程，同时降维后的特征还能保证网络最终的分类与拟合效果，因此池化操作就显得非常有意义。

池化层采用的方法有最大池化（max pooling）、平均池化（mean pooling）以及随机池化（random pooling）等，其池化过程如图 5.6 所示。实际中用得较多的是最大池化和平均池化。图 5.6 中，最大池化是针对输入特征图的每个 2×2 窗口选出最大的数作为输出特征图相应元素的值，窗口移动步长取 2，输入特征图尺寸为 4×4，输出特征图尺寸为 2×2，输入特征图第一个 2×2 窗口中最大的数是 7，那么输出特征图的第一个元素为 7，如此类推。平均池化则是对输入特征图的每个 2×2 窗口计算所有数的平均值作为输出特征图相应元素的值，窗口移动步长也取 2，图 5.6 中输入特征图第一个 2×2 窗口中所有数的平均值为 5，那么输出特征图的第一个元素就为 5，如此类推。这里其实也可以类似于卷积核与卷积运算来定义池化核与池化运算，最大池化和平均池化的池化核尺寸均为 2×2，池化运算分别为取最大值与求平均运算，窗口移动步长为 2。在实际应用中，池化核大小未必与窗口移动步长相等，图 5.7a 中，采用的池化核尺寸为 2×2，窗口移动步长取 1，输入尺寸为 5×5 的特征图，经过最大池化运算，得到尺寸为 4×4 的输出特征图；图 5.7b 中采用的池化核

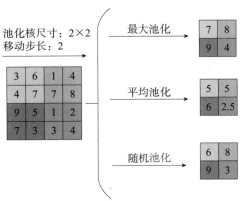

图 5.6 三种不同池化操作

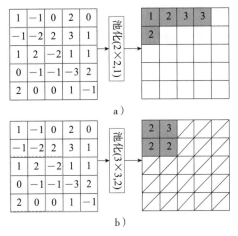

图 5.7 池化核与步长大小
不一致时的池化操作

尺寸为3×3，窗口移动步长取2，同样输入尺寸为5×5的特征图，经过最大池化运算，得到尺寸为2×2的输出特征图。

3. 全连接层

全连接层（FC layer）用来根据卷积层与池化层提取的图像特征进行图像分类。通常全连接层在卷积神经网络的尾部，其结构与传统的全连接神经网络类似，两层之间所有的神经元都有权重连接。全连接层主要有两个作用：第一个作用是特征组合，由前文可知，同一卷积层可能具有多个卷积核，提取原始图像的不同特征，每个卷积核运算都会生成一个特征图，多个特征图在输入全连接层时需要进行非线性组合，这样更有助于后续分类；第二个作用自然就是基于卷积层与池化层提取的图像特征实现分类，这里可以将全连接层看作卷积神经网络中的分类器，显然卷积和池化操作就相当于特征提取器。

5.1.3 卷积神经网络进化史

自1998年提出第一代卷积神经网络LeNet以来，针对不同的应用场景需求，先后衍生出了AlexNet、VGGNet、GoogLeNet、ResNet等不同结构类型的卷积神经网络，其详细进化史如图5.8所示。不同类型的卷积神经网络在结构上存在很大不同，适用于不同的目标检测与图像识别应用场景，性能表现也不一样。相关的组成结构、工作原理及性能比较等具体内容后续小节会详细介绍。

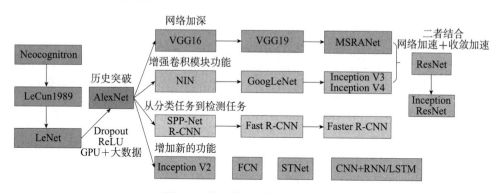

图5.8 卷积神经网络结构进化史

5.2 LeNet

1998年，Yann LeCun[2]（CNN之父）提出了第一代卷积神经网络LeNet，主要用来进行手写字符的识别与分类，测试错误率小于1%。LeNet的实现确立了现代卷积神经网络的结构，卷积层、池化层、全连接层等现代卷积神经网络基本组件在LeNet中都能看到。由于LeNet的网络结构比较简单，再加之当时缺乏大规模的训练数据，计算机硬件的性能也较低，所以LeNet在处理复杂问题时的效果并不理想。但是后续的复杂神经网络结构都是在此基础上改进、衍生出来的，因此 LeNet 为后续神经网络结构的发展奠定了坚实的基础。

5.2.1 LeNet 结构

LeNet 卷积神经网络的详细结构如图 5.9 所示，包括 2 个卷积层、2 个池化层和 3 个全连接层。输入原始图像为 32×32 的灰度图像。

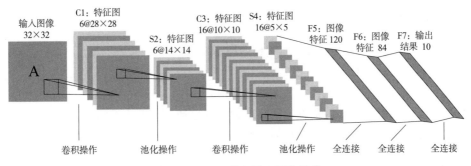

图 5.9 LeNet 卷积神经网络结构

网络第一层是卷积层（C1），卷积核的大小为 5×5，卷积核数量为 6 个，数据窗口移动步长为 1，因此输入数据在经过第一层卷积之后，输出 6 个尺寸均为 28×28 的特征图。C1 层的连接数量为 $(5×5+1)×6×(28×28)=122\,304$ 个，网络参数数量为 $(5×5+1)×6=156$ 个，其中每个特征图内的所有神经元共享 26 个参数。

网络第二层是池化层（S2），池化核大小为 2×2，池化窗口移动步长为 2，这里采取的池化操作为 $\omega_{2j}\sum\limits_{i=1}^{4}x_i+b_{2j}$，其中 x_i 为池化窗口内的原始数据，ω_{2j} 和 b_{2j} 为池化核心参数，因此 6 个 28×28 的特征图在经过第二层池化之后，输出 6 个尺寸均为 14×14 的特征图。S2 层的连接数量为 $(2×2+1)×6×(14×14)=5880$ 个，网络参数数量为 $2×6=12$ 个，其中每个特征图内的所有神经元共享 2 个参数。

网络第三层是第二个卷积层（C3），卷积核的大小还是 5×5，卷积核数量增加到 16 个，数据窗口移动步长为 1，因此 6 个 14×14 的特征图在经过第三层卷积之后，输出 16 个尺寸均为 10×10 的特征图，每个特征图中的每个神经元与前层 S2 的部分或者所有特征图 5×5 的邻域相连。C3 层的连接数量为 $[(5×5×3+1)×6+(5×5×4+1)×9+(5×5×6+1)]×10×10=151\,600$ 个，网络参数数量为 1516 个，其中每个特征图内的所有神经元共享 26 个参数。

网络第四层是第二个池化层（S4），池化核大小为 2×2，池化窗口移动步长为 2，这里采取的池化操作与 S2 层相同，因此 16 个 10×10 的特征图在经过第四层池化之后，输出 16 个尺寸均为 5×5 的特征图。S4 层的连接数量为 $(2×2+1)×16×(5×5)=2000$ 个，网络参数数量为 $2×16=32$ 个，其中每个特征图内的所有神经元共享 2 个参数。

　　然后将 16 个 5×5 的特征图"变平"为 400 维长度的向量，输入后续网络。接下来网络的第五层（F5）、第六层（F6）、第七层（F7）都是全连接层，F5 层具有 120 个神经元，网络参数数量为 400×120＋120＝48 120 个，F6 层具有 84 个神经元，网络参数数量为 120×84＋84＝10 164 个，F7 层具有 10 个神经元（因为手写数字只有 10 种类别），网络参数数量为 84×10＋10＝850 个。因此 LeNet 卷积神经网络参数总量为 60 850 个。

5.2.2　LeNet 特点

　　LeNet 卷积神经网络与其他现代卷积神经网络相比，具有如下特点：
- 卷积时不进行填充；
- 池化层没有采用平均池化和最大池化操作；
- 采用 sigmoid 或者 tanh 而非 ReLU 作为非线性环节传输（激活）函数；
- 层数较浅，参数数量较小（约为 6 万个）。

5.3　AlexNet

　　2012 年，Alex Krizhevsky[3]（Hinton 的学生，Hinton、LeCun 和 Bengio 是神经网络领域三巨头）提出第二代卷积神经网络 AlexNet，主要用来进行图像分类。Alex 团队采用这个网络在 2012 年的 ImageNet 竞赛中获得冠军，测试错误率约为 16%，比第二名的方法整整降了 10 个百分点。AlexNet 神经网络结构在整体上类似于 LeNet，都是先卷积然后再全连接，但是 AlexNet 网络更为复杂，性能更强大。如果说 LeNet 是第一个典型的卷积神经网络结构，其实现确立了现代卷积神经网络的结构基础，那么 AlexNet 是第一个真正意义上被学术界和产业界共同关注与应用的网络。自此之后，卷积神经网络成为人工智能领域的研究热点，大量基于卷积神经网络的计算机视觉应用得以落地并快速发展。

5.3.1　AlexNet 结构

　　AlexNet 卷积神经网络结构如图 5.10 所示，包括 5 个卷积层、3 个池化层和 3 个全连接层。输入原始图像为 224×224 的 3 通道 RGB 图像。

　　网络第一层是卷积层，卷积核的大小为 11×11，数量为 96 个，数据窗口移动步长为 4。输入图像需要经过填充操作补零将尺寸变为 227×227，因此输入数据在经过第一层卷积之后，输出 96 个尺寸均为 55×55 的特征图。

　　网络第二层是池化层，池化核大小为 3×3，池化窗口移动步长为 2。这里采取的池化操作为最大池化，因此 96 个 55×55 的特征图在经过第二层池化之后，输出 96 个尺寸均为 27×27 的特征图。这里的 96 个特征图分为两组，各自在一个独立的 GPU 上进行运算。

　　网络第三层是第二个卷积层，卷积核的大小为 5×5，数量为 256 个，数据窗口移动步长为 1。输入特征图需要经过填充操作在四边各补充两串零，因此 96 个 27×27 的特征图在经过第三层卷积之后，输出 256 个尺寸均为 27×27 的特征图。当然这里的 256 个特征图也分为两组，各自在一个独立的 GPU 上进行运算。

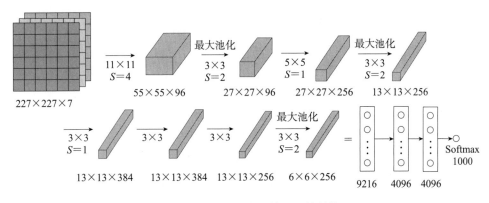

图 5.10　AlexNet 卷积神经网络结构

　　网络第四层是第二个池化层，池化核大小为 3×3，池化窗口移动步长为 2。这里采取的池化操作为最大池化，因此 256 个 27×27 的特征图在经过第四层池化之后，输出 256 个尺寸均为 13×13 的特征图，同样分两组在独立的 GPU 上进行运算。

　　网络第五层是第三个卷积层，卷积核的大小为 3×3，数量为 384 个，数据窗口移动步长为 1。输入特征图需要经过填充操作在四边各补充一串零，因此 256 个 13×13 的特征图在经过第五层卷积之后，输出 384 个尺寸均为 13×13 的特征图，同样分两组在独立的 GPU 上进行运算。

　　网络第六层是第四个卷积层，卷积核的大小为 3×3，数量为 384 个，数据窗口移动步长为 1。输入特征图需要经过填充操作在四边各补充一串零，因此 384 个 13×13 的特征图在经过第六层卷积之后，输出 384 个尺寸均为 13×13 的特征图，同样分两组在独立的 GPU 上进行运算。

　　网络第七层是第五个卷积层，卷积核的大小为 3×3，数量为 256 个，数据窗口移动步长为 1。输入特征图需要经过填充操作在四边各补充一串零，因此 384 个 13×13 的特征图在经过第七层卷积之后，输出 256 个尺寸均为 13×13 的特征图，同样分两组在独立的 GPU 上进行运算。

　　网络第八层是第三个池化层，池化核大小为 3×3，池化窗口移动步长为 2。这里采取的池化操作为最大池化，因此 256 个 13×13 的特征图在经过第八层池化之后，输出 256 个尺寸均为 6×6 的特征图，同样分两组在独立的 GPU 上进行运算。

　　网络第九层是第一个全连接层，具有 4096 个神经元，网络第十层是第二个全连接层，也具有 4096 个神经元，这两层也都各自分两组在独立的 GPU 上进行运算。网络第十一层（也是最后一层）是第三个全连接层，具有 1000 个神经元，即分类类别为 1000 个。

　　AlexNet 卷积神经网络每个神经元的激活函数都采用 ReLU，最后一个全连接层（输出层）采用的激活函数为 Softmax，便于分类。

5.3.2 AlexNet 特点

AlexNet 卷积神经网络与 LeNet 卷积神经网络相比，具有如下特点：
- ❑ 卷积时均需要对输入特征图进行填充；
- ❑ 池化层采用最大池化操作，而且池化核大小与步长不一样；
- ❑ 采用 ReLU 作为非线性环节传输（激活）函数；
- ❑ 网络层数及规模扩大，参数数量接近 6000 万个；
- ❑ 出现"多个卷积层＋一个池化层"的网络结构；
- ❑ 网络采用分组双 GPU 训练与推理，加快训练和推理速度。
- ❑ 但是随着网络层数的增加，特征图的宽和高都在减小，而通道数却在增加，这个规律保持不变。

5.4 VGGNet

2014 年，Karen Simonyan 团队 [4] 第一次提出卷积神经网络 VGGNet（其中 VGG 全称 Visual Geometry Group，属于牛津大学），主要用于人脸识别、图像分类等方面，网络包括 VGG11～VGG19 共 5 种系列（A～E）的模型结构，如表 5.1 所示。

表 5.1 VGGNet 卷积神经网络结构（VGG11～VGG19）

卷积网络配置					
A	A-LRN	B	C	D	E
11 weight layers	11 weight layers	13 weight layers	16 weight layers	16 weight layers	19 weight layers
输入（224×224 RGB 图像）					
conv3-64	conv3-64 **LRN**	conv3-64 **conv3-64**	conv3-64 conv3-64	conv3-64 conv3-64	conv3-64 conv3-64
最大池化					
conv3-128	conv3-128	conv3-128 **conv3-128**	conv3-128 conv3-128	conv3-128 conv3-128	conv3-128 conv3-128
最大池化					
conv3-256 conv3-256	conv3-256 conv3-256	conv3-256 conv3-256	conv3-256 conv3-256 **conv1-256**	conv3-256 conv3-256 **conv3-256**	conv3-256 conv3-256 conv3-256 **conv3-256**

（续）

卷积网络配置					
A	A-LRN	B	C	D	E
最大池化					
conv3-512 conv3-512	conv3-512 conv3-512	conv3-512 conv3-512	conv3-512 conv3-512 **conv1-512**	conv3-512 conv3-512 **conv3-512**	conv3-512 conv3-512 conv3-512 **conv3-512**
最大池化					
conv3-512 conv3-512	conv3-512 conv3-512	conv3-512 conv3-512	conv3-512 conv3-512 **conv1-512**	conv3-512 conv3-512 **conv3-512**	conv3-512 conv3-512 conv3-512 **conv3-512**
最大池化					
FC-4096					
FC-4096					
FC-1000					

　　Karen 的团队采用 VGG19 网络在 2014 年的 ImageNet 竞赛中获得亚军，测试错误率约为 7.3%。VGGNet 最初是为了研究卷积神经网络深度与大规模图像分类准确率之间的关系，因此其层数都比较多。在增加网络层数的同时，为了避免参数量过大，所有卷积层都采用 3×3 的小卷积核，移动窗口步长取 1。VGGNet 网络都具有 3 个全连接层和 5 个池化层，根据卷积层与全连接层总数的不同分为 VGG11～VGG19，例如 VGG11 具有 8 个卷积层与 3 个全连接层，最多的 VGG19 则具有 16 个卷积层与 3 个全连接层。此外，VGGNet 网络的池化层都采用最大池化操作，且分布在不同的卷积层之后。下面以 VGG16 为例来讲述 VGGNet 卷积神经网络的具体结构与特点。

5.4.1　VGG16 结构

　　VGG16 卷积神经网络结构如图 5.11 所示，包括 13 个卷积层、5 个池化层和 3 个全连接层。输入原始图像为 224×224 的 3 通道 RGB 图像，需要经过填充操作在四边各补充一串零，将尺寸变为 226×226。

　　网络第一层与第二层都是卷积层，卷积核的大小均为 3×3，数量均为 64 个，数据窗口移动步长为 1，因此输入数据在经过两层卷积之后，输出 64 个尺寸均为 224×224 的特征图。

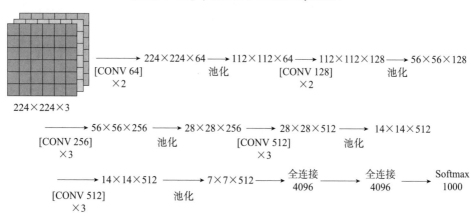

注：[CONV *x*]×*y*表示用*x*个卷积核进行*y*次卷积

图 5.11　VGG16 卷积神经网络结构

网络第三层是池化层，池化核大小为 2×2，池化窗口移动步长为 2。这里采取的池化操作为最大池化，因此 64 个 224×224 的特征图在经过第三层池化之后，输出 64 个尺寸均为 112×112 的特征图。

网络第四层与第五层也都是卷积层，卷积核的大小均为 3×3，数量均为 128 个，数据窗口移动步长为 1。输入特征图需要经过填充操作在四边各补充一串零，将尺寸变为 114×114，因此 64 个 112×112 的特征图在经过两层卷积之后，输出 128 个尺寸均为 112×112 的特征图。

网络第六层是池化层，池化核大小为 2×2，池化窗口移动步长为 2。这里采取的池化操作为最大池化，因此 128 个 112×112 的特征图在经过第六层池化之后，输出 128 个尺寸均为 56×56 的特征图。

网络第七层、第八层与第九层同样是卷积层，卷积核的大小均为 3×3，数量均为 256 个，数据窗口移动步长为 1。输入特征图需要经过填充操作在四边各补充一串零，将尺寸变为 58×58，因此 128 个 56×56 的特征图在经过三层卷积之后，输出 256 个尺寸均为 56×56 的特征图。

网络第十层是池化层，池化核大小为 2×2，池化窗口移动步长为 2。这里采取的池化操作为最大池化，因此 256 个 56×56 的特征图在经过第十层池化之后，输出 256 个尺寸均为 28×28 的特征图。

网络第十一层、第十二层与第十三层又是卷积层，卷积核的大小均为 3×3，数量均为 512 个，数据窗口移动步长为 1。输入特征图需要经过填充操作在四边各补充一串零，将尺寸变为 30×30，因此 256 个 28×28 的特征图在经过三层卷积之后，输出 512 个尺寸均为 28×28 的特征图。

网络第十四层是池化层，池化核大小为 2×2，池化窗口移动步长为 2。这里采取的池化操作为最大池化，因此 512 个 28×28 的特征图在经过第十四层池化之后，输出 512 个尺寸均为 14×14 的特征图。

网络第十五层、第十六层与第十七层是最后 3 个卷积层，卷积核的大小均为 3×3，数量均为 512 个，数据窗口移动步长为 1。输入特征图需要经过填充操作在四边各补充一串零，将尺寸变为 16×16，因此 512 个 14×14 的特征图在经过三层卷积之后，输出 512 个尺寸均为 14×14 的特征图。

网络第十八层是池化层，池化核大小为 2×2，池化窗口移动步长为 2。这里采取的池化操作为最大池化，因此 512 个 14×14 的特征图在经过第十八层池化之后，输出 512 个尺寸大小均为 7×7 的特征图。

网络第十九层与第二十层是两个全连接层，都具有 4096 个神经元。网络第二十一层（也是最后一层）是第三个全连接层，具有 1000 个神经元，即分类类别为 1000 个。

VGG19 卷积神经网络每个神经元的激活函数都采用 ReLU，最后一个全连接层（输出层）采用的激活函数为 Softmax，便于分类。

5.4.2　VGG16 特点

VGG16 卷积神经网络与前两种卷积神经网络相比，具有如下特点：

❑ 各卷积层、池化层的网络参数基本相同，整体结构呈现出规整的特点；

❑ 卷积层都采用 3×3 的小卷积核，移动窗口步长取 1；

❑ 池化层采用最大池化操作，而且池化核大小与步长一样；

❑ 网络层数与规模进一步增大，参数数量约为 1.38 亿个。

但是随着网络层数的增加，特征图的宽和高都在减小，而通道数却在增加，这个规律保持不变。

5.5　GoogLeNet

2015 年，Christian Szegedy[5]（来自 Google 公司）提出了基于 Inception 模块的卷积神经网络 GoogLeNet，主要用于人脸识别、图像分类等方面。Google 团队采用这种网络结构在 2014 年的 ImageNet 竞赛中获得冠军，测试错误率约为 6.7%。在随后的几年中持续改进，形成了 Inception V2、Inception V3、Inception V4 等版本。GoogLeNet 采用一种网中网的结构，即将原来的卷积节点用 Inception 模块替换，使得整个网络结构的宽度和深度都可扩大，提升了网络的整体性能。

5.5.1　Inception 结构

Inception V1 的结构如图 5.12 所示，它采用不同尺寸的卷积核同时对同一输入的不同特征进行提取，然后再将不同特征表达的特征图进行拼接，建立表达能力更强的特征，从而改善分类准确率。这里注意，卷积核尺寸越小，提取的图像特征越细微，相反，卷积核尺寸越大，提取的图像特征越宏观。

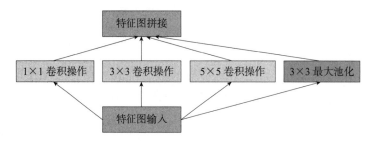

图 5.12　Inception V1 结构

但是这个结构由于层宽度较大，具有数量较多的不同尺寸的卷积核，使得整体结构参数量太大，计算过于复杂，因此采取了卷积可分离技术对该结构进行改进，减小参数量以降低计算复杂度，改进后的结构如图 5.13 所示。将原来的 3×3 卷积分解为 1×1 卷积和 3×3 卷积，原来的 5×5 卷积分解为 1×1 卷积和 5×5 卷积，减小参数量。这里举一个例子说明，假设网络的输入尺寸为 28×28×192，使用 32 个 5×5 的卷积核对其进行卷积，那么输出为 28×28×32，对于输出中的每一个元素值都要执行 5×5×192 次计算，卷积的计算量为 28×28×32×5×5×192=120 422 400。如果采用卷积分离将原来的 5×5 卷积分解为 1×1 卷积和 5×5 卷积，先用 16 个 1×1 的卷积核对输入进行卷积，输出尺寸为 28×28×16，再用 32 个 5×5 的卷积核对其进行卷积，输出为 28×28×32。经历两次卷积同样得到 28×28×32 的输出，第一次卷积计算量为 28×28×16×192=2 408 448，第二次卷积计算量为 28×28×32×5×5×16=10 035 200，两次卷积合计计算量约为 1200 万，减小到原来的十分之一左右。

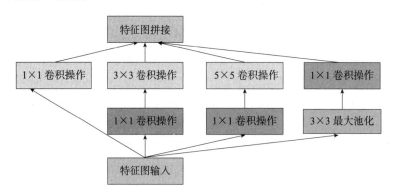

图 5.13　改进后的 Inception V1 结构

在 Inception V1 结构的基础上，后续又提出了 Inception V2、Inception V3 与 Inception V4 等结构，进一步优化了整体网络的性能。Inception V2 结构进一步将 5×5 卷积分解为两个 3×3 卷积，3×3 卷积又分解为 1×3 卷积和 3×1 卷积，进一步降低参数量，提升计算性能，如图 5.14 所示。Inception V3 结构继承了 Inception V2 的优点，同时引入了 7×7 卷积，并分解为 1×7 卷积和 7×1 卷积运算。

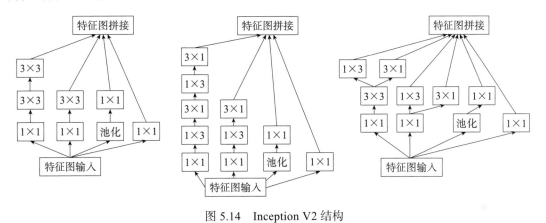

图 5.14　Inception V2 结构

5.5.2　GoogLeNet 结构——基于 Inception V1 模块

基于 Inception V1 模块的 GoogLeNet 卷积神经网络详细结构如图 5.15 所示，包括 2 个卷积层、9 个 Inception V1 层、5 个池化层和 1 个全连接层。输入原始图像为 224×224 的 3 通道 RGB 图像。

网络第一层是卷积层，卷积核的大小为 7×7，数量为 64 个，数据窗口移动步长为 2。输入图像需要经过填充操作补零将尺寸变为 229×229，因此输入数据在经过第一层卷积之后，输出 64 个尺寸大小均为 112×112 的特征图。

网络第二层是池化层，池化核大小为 3×3，池化窗口移动步长为 2。这里采取的池化操作为最大池化，输入特征图需要经过填充操作补零将尺寸变为 113×113，因此 64 个 112×112 的特征图在经过第二层池化之后，输出 64 个尺寸大小均为 56×56 的特征图。

网络第三层是卷积层，卷积核的大小为 3×3，卷积深度为 2，也就是说这层其实是分解为 1×1 卷积和 3×3 卷积两层实现，卷积核数量为 192 个，数据窗口移动步长为 1。因此输入 64 个 56×56 的特征图在经过第三层卷积之后，输出 192 个尺寸大小均为 56×56 的特征图。

网络第四层是池化层，池化核大小为 3×3，池化窗口移动步长为 2。这里采取的池化操作为最大池化，输入特征图需要经过填充操作补零将尺寸变为 57×57，因此 192 个 56×56 的特征图在经过第四层池化之后，输出 192 个尺寸大小均为 28×28 的特征图。

网络第五层、第六层都是 Inception V1 层，Inception V1 的结构如图 5.13 所示。192 个 28×28 的特征图在经过第五层之后，输出 256 个尺寸大小均为 28×28 的特征图。这 256 个 28×28 的特征图在经过第六层之后，输出 480 个尺寸大小均为 28×28 的特征图。

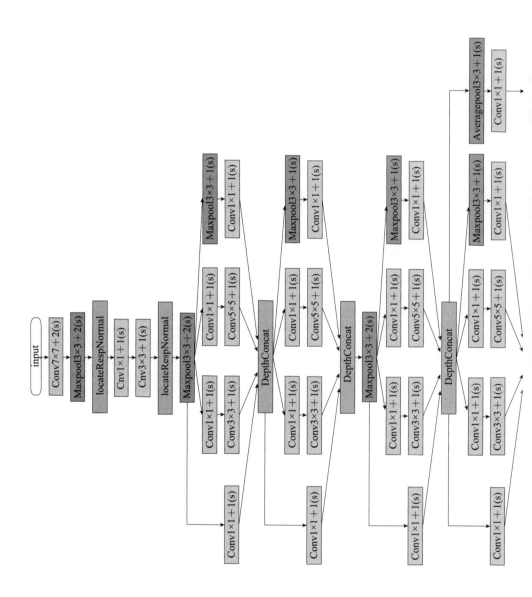

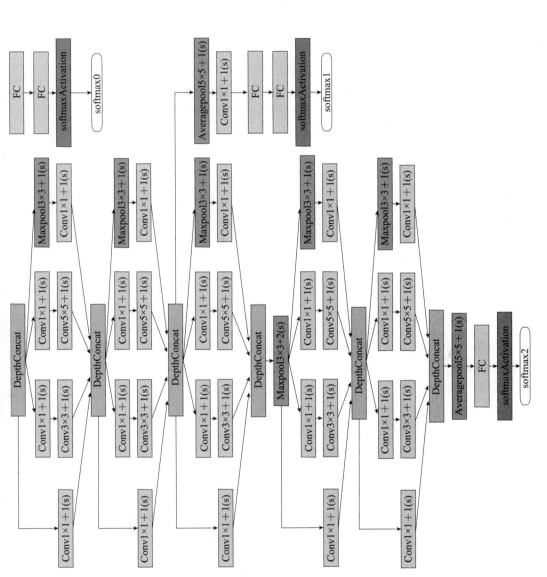

图 5.15　基于 Inception V1 模块的 GoogLeNet 卷积神经网络结构

网络第七层是池化层，池化核大小为 3×3，池化窗口移动步长为 2。这里采取的池化操作为最大池化，输入特征图需要经过填充操作补零将尺寸变为 29×29，因此 480 个 28×28 的特征图在经过第七层池化之后，输出 480 个尺寸大小均为 14×14 的特征图。

网络第八层、第九层、第十层、第十一层与第十二层也都是 Inception V1 层，480 个 14×14 的特征图在经过这五层之后，输出 832 个尺寸大小均为 14×14 的特征图。

网络第十三层是池化层，池化核大小为 3×3，池化窗口移动步长为 2。这里采取的池化操作为最大池化，输入特征图需要经过填充操作补零将尺寸变为 15×15，因此 832 个 14×14 的特征图在经过第十三层池化之后，输出 832 个尺寸大小均为 7×7 的特征图。

网络第十四层与第十五层又都是 Inception V1 层，832 个 7×7 的特征图在经过这五层之后，输出 1024 个尺寸大小均为 7×7 的特征图。网络第十六层是最后一个池化层，池化核大小为 7×7。采取的池化操作为平均池化，这里的池化其实是全局平均池化，因此 1024 个 7×7 的特征图在经过第十六层池化之后，输出 1024 个尺寸大小均为 1×1 的特征图。

网络第十七层（也是最后一层）是全连接层，具有 1000 个神经元，即分类类别为 1000 个。

GoogLeNet 卷积神经网络每个神经元的激活函数都采用 ReLU，最后一个全连接层（输出层）采用的激活函数为 Softmax，便于分类。

5.5.3　GoogLeNet 特点

GoogLeNet 卷积神经网络与前文所述的卷积神经网络相比，具有如下特点：

❑ GoogLeNet 采用了模块化的结构（Inception 结构），提取更全面的图像特征，减小图像特征损失，提升分类准确率；

❑ 池化层采用最大池化操作，而且池化核大小与步长不一样；

❑ 网络最后采用了全局平均池化来代替全连接层，可以提高分类准确率；

❑ 网络深度与宽度相对而言都有增强，规模进一步扩大；

❑ 为了防止过拟合，网络训练时使用了 dropout 技术；

❑ 为了避免梯度消失，网络额外增加了 2 个辅助的 Softmax 函数用于向前传导梯度（辅助分类器），这里的辅助分类器只在训练时使用，在正常预测时会被去掉。辅助分类器促进了更稳定地学习和更好地收敛，往往在接近训练结束时，辅助分支网络开始超越没有任何分支的网络的准确性，达到更高的水平。

5.6　ResNet

2016 年，Kaiming He[6] 提出了基于残差块的卷积神经网络 ResNet，主要用于物体检测、图像分类等方面。Kaiming He 凭借 ResNet 论文获得 CVPR（Computer Vision and Pattern Recognition，计算机视觉领域顶级会议之一）2016 最佳论文奖，他也是目前唯一的一人两次获得 CVPR 最佳论文奖的中国学者。Kaiming He 的团队采用这种深度残差网络 ResNet-152 在 2015 年的 ImageNet 竞赛中获得冠军，测试错误率约为 3.5%。相比 2014 年 VGG 网络的 19 层、GoogLeNet 的 22 层，ResNet 网络层数达到 152 层，网络深度完全不是一个量级。同时，ResNet 通过残差学习的方式解决了深度卷积神经网络模型难训练的问题，使得深度网络能够发挥出较好的作用，从而达到更好的分类与检测效果。

5.6.1　ResNet 残差块结构

　　理论上来讲，越深的卷积神经网络越能够提取更加复杂的图像特征，更有助于改善分类的准确率。然而事实上，具有很深层数的深度神经网络在训练时很容易出现梯度消失问题，导致深层网络的分类准确率出现饱和甚至下降，很难收敛到较好的水平。当然，现在已有包括输入归一化、权值参数合理初始化、替换激活函数等方法可以有效改善梯度消失问题，然而导致深层网络的准确率下降的原因还有很多。更主要的是，虽然随着网络层数的增加，提取的特征越复杂越抽象，但是却也丢失了更多的原始细节特征（要知道原始图像包含的特征最全，只是由于特征维度太大很难直接分类），这也在某种程度上使得深度网络特征提取出现退化，影响分类准确率。

　　基于残差学习方式的 ResNet 深度残差网络则是基于以上原因改进的一种深度卷积神经网络结构，其核心部件——残差块（残差学习单元）结构如图 5.16 所示，在已有网络基础上增加输入到输出的捷径连接。当输入为 x 时，经过残差块层学习到的特征记为 $H(x)$，$H(x)=F(x)+x$，$F(x)$ 定义为残差学习网络，通常由多个 3×3 卷积层堆叠构成。当残差 $F(x)$ 为 0 时，残差块层仅仅做了恒等映射，至少前层提取的特征不会丢失，网络性能不会下降。实际上残差 $F(x)$ 一般不会为 0，这也会使得残差块层在输入特征基础上能够学习到新的特征，从而更有助于提高网络的分类准确率。

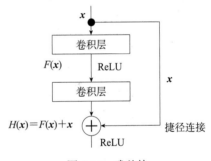

图 5.16　残差块（残差学习单元）结构

5.6.2　ResNet 结构

　　ResNet 卷积神经网络根据残差块的结构与数量不同，出现了典型的 ResNet-18、ResNet-34、ResNet-50、ResNet-101 与 ResNet-152 等不同类型的结构。对于 ResNet-18 与 ResNet-34 而言，网络采取两层间残差学习，即残差学习单元由两个 3×3 卷积层构成，其结构如图 5.17a 所示；对于 ResNet-50 等更深层的网络，网络采取三层间残差学习，即残差学习单元由 1×1、3×3 与 1×1 三个卷积层构成，可以有效减少深度残差网络的运算量，其结构如图 5.17b 所示。对于捷径连接，当输入和输出维度一致时，可以直接将输入加到输出上，但是当维度不一致时，就不能直接相加，需要将维度变换一致才能相加。对于尺寸维度不一致（一般情况下是尺度小一半）时，可采用移动窗口步长为2的池化操作，实现下采样将输出尺寸维度减小；对于特征图数量维度不一致（一般情况下是特征图数量大一倍）时，可采用1×1的卷积实现新的映射，增加输出特征图的数量维度。

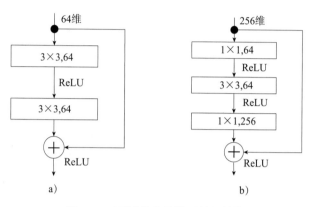

图 5.17　不同的残差学习单元结构

这里以 ResNet-34 卷积神经网络举例，ResNet-34 网络结构如图 5.18 所示，显然 ResNet-34 与 VGG19 很类似，只是通过给两个 3×3 级联卷积加入短路机制构成残差学习单元。ResNet-34 包括 1 个卷积层、16 个残差块层、2 个池化层与 1 个全连接层。这里需要注意的是，输出特征图的尺寸相同的各层，都有相同数量的卷积核。如果输出特征图相比于输入的大小减半，那么卷积核的数量相对于前一层就增加一倍，以保证每一层的时间复杂度相同。输入原始图像为 224×224 的 3 通道 RGB 图像。

网络第一层是卷积层，卷积核的大小为 7×7，数量为 64 个，数据窗口移动步长为 2。输入图像需要经过填充操作补零将尺寸变为 229×229，因此输入数据在经过第一层卷积之后，输出 64 个尺寸大小均为 112×112 的特征图。

网络第二层是池化层，池化核大小为 2×2，池化窗口移动步长为 2。这里采取的池化操作为最大池化，因此 64 个 112×112 的特征图在经过第二层池化之后，输出 64 个尺寸大小均为 56×56 的特征图。

网络第三层、第四层与第五层都是残差块层，64 个 56×56 的特征图在经过这三层残差学习之后，输出还是 64 个尺寸大小均为 56×56 的特征图；网络第六层、第七层、第八层与第九层也是残差块层，64 个 56×56 的特征图在经过这四层残差学习之后，输出 128 个尺寸大小均为 28×28 的特征图；网络第十层、第十一层、第十二层、第十三层、第十四层与第十五层同样都是残差块层，128 个 28×28 的特征图在经过这六层残差学习之后，输出 256 个尺寸大小均为 14×14 的特征图；网络第十六层、第十七层与第十八层还是残差块层，256 个 14×14 的特征图在经过这三层残差学习之后，输出 512 个尺寸大小均为 7×7 的特征图。

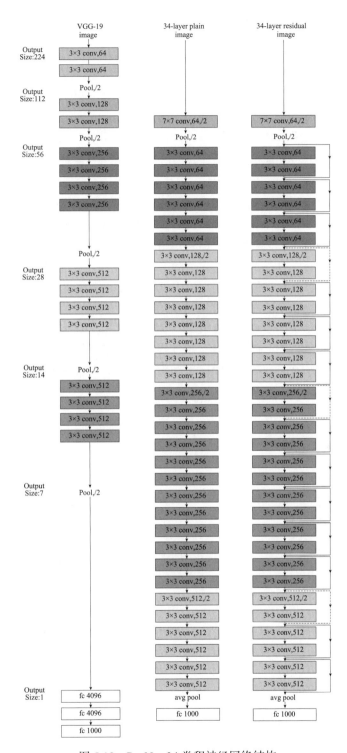

图 5.18　ResNet-34 卷积神经网络结构

网络第十九层是池化层，池化核大小为 7×7。采取的池化操作为平均池化，这里的池化其实是全局平均池化，因此 512 个 7×7 的特征图在经过第十九层池化之后，输出 512 个尺寸大小均为 1×1 的特征图。

网络第二十层（也是最后一层）是全连接层，具有 1000 个神经元，即分类类别为 1000 个。

ResNet 卷积神经网络每个神经元的激活函数都采用 ReLU，最后一个全连接层（输出层）采用的激活函数为 Softmax，便于分类。

5.6.3 ResNet 特点

ResNet 卷积神经网络与其他卷积神经网络（尤其是 VGG）相比，具有如下特点：

- 在级联的两个 3×3 卷积基础上加入短路机制构成残差学习单元，提取表达能力更强的特征信息；
- 减少了池化层，直接采用窗口移动步长为 2 的卷积完成特征下采样；
- 采用 ReLU 作为非线性环节传输（激活）函数；
- 网络最后采用了全局平均池化来代替全连接层，可以提高分类准确率；
- 网络层数及规模扩大，性能更强，但是计算复杂度只有 VGG19 的 18%。

但是随着网络层数的增加，特征图的宽和高都在减小，而通道数却在增加，这个规律保持不变。

CHAPTER 6

第6章

目标检测与识别

目标检测与识别是计算机视觉方向最重要的技术之一，主要应用在智慧交通、安防及搜索救援等领域，完成对感兴趣目标的实时检测、定位与追踪等。目标检测需要同时完成目标识别与目标定位两个内容，主流的目标检测算法根据结构特点分为 two-stage（二阶段）和 one-stage（一阶段）两大类：two-stage 类包含传统方法、R-CNN、Fast R-CNN 以及 Faster R-CNN 等方法；one-stage 类则主要包含 YOLO 与 SSD 等方法。本章将重点介绍 R-CNN、Fast R-CNN、Faster R-CNN、YOLO 等检测算法的网络结构、工作原理以及不同算法间的异同点等内容，加强读者对基于深度卷积神经网络的目标检测算法理论的理解，提高读者在目标检测应用设计与实现方面的工程实践能力。

6.1 R-CNN

two-stage 目标检测方法首先利用某种策略找出图像中可能存在目标物体的区域作为候选框区域，然后再基于候选框图像采用相应算法实现目标的分类识别，以及候选框坐标的精准回归。two-stage 类包括传统方法、R-CNN、Fast R-CNN 以及 Faster R-CNN 等方法，这些方法在候选框区域提取以及图像分类所采用的算法策略方面均有所不同。如最传统的目标检测算法采用不同尺寸的移动窗口穷举候选区域，移动窗口区域的选择策略没有针对性，这种方式提取的候选区域非常多，信息存在大量冗余，导致检测算法计算量太大，执行速度很慢。然后采用 Haar、HOG 特征等手工特征提取方法提取候选框区域图像的视觉特征，利用分类器进行分类识别，手工特征提取方法事先按照经验规则而设计，提取的特征往往表达能力不强，无法适应形态、光照等多样性的场景变化，导致最后的分类准确率不高。

基于传统目标检测算法的缺陷和不足，2014 年，Ross Girshick[7] 提出了 R-CNN 目标检测算法，首次将卷积神经网络（CNN）应用于目标检测领域。R-CNN 采用候选区域与 CNN 相结合的方式实现目标检测，算法主要结构如图 6.1 所示，具体包括基于选择搜索（Selective Search, SS）方法的候选区域选择、候选区域预处理、CNN 特征提取、SVM 目标分类及 Bounding box 回归等步骤。

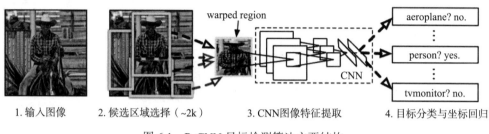

图 6.1　R-CNN 目标检测算法主要结构

6.1.1　基于 SS 方法的候选区域选择

传统的方法通过穷举搜索方式，改变搜索窗口大小来适应目标物体的不同尺寸，提取候选区域，而基于选择搜索的候选区域提取方法则首先通过图像分割、层次算法等对图像进行小区域划分，然后结合图像颜色、纹理、边缘等特征信息对分割好的小区域进行合并，最后输出合适的候选区域。通过 SS 方法可以从原始图像提取 2000 个左右的候选框区域，当然这些候选框区域的大小尺寸是不一样的。

6.1.2　候选区域预处理

基于 SS 方法提取的候选区域图像需要经过 CNN 完成特征提取及分类，后面可以看到 R-CNN 采用的是 AlexNet 卷积神经网络。AlexNet 包含卷积层、池化层与全连接层，其全连接层输入特征维度在设计时就已经固定，无法改变，也就是说采用 AlexNet 进行候选区域图像特征提取时，需要保证不同候选区域输入图像的尺寸大小一致，否则 AlexNet 无法工作。然而基于 SS 方法提取的候选区域尺寸大小是不一致的，这就需要在将候选图像送入 CNN 之前先完成尺寸标准化（尺寸缩放）。尺寸缩放一般分为两类各向同性缩放与各向异性缩放两类，以图 6.2a 为原始图像举例说明两类缩放方法的不同。

1. 各向同性缩放，宽高缩放相同的倍数

把候选区域的宽高缩放同样的倍数，然后扩展延伸成需求尺寸的正方形，灰色部分用原始图像中的相应像素填补，如图 6.2b 所示。或者灰色部分不填补，如图 6.2c 所示。

2. 各向异性缩放，宽高缩放的倍数不同

把候选区域的宽高按照不同比例缩放，不管图像是否会扭曲变形，直接将长宽缩放到

需求尺寸，如图 6.2d 所示。

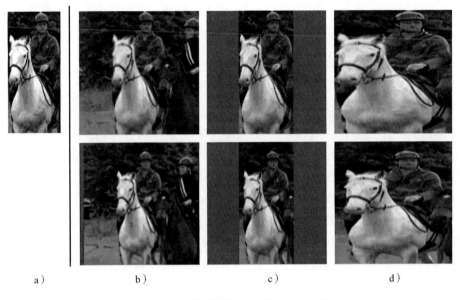

a) 　　　　　　　b) 　　　　　　　c) 　　　　　　　d)

图 6.2　不同图像尺寸缩放方法比较

6.1.3　CNN 特征提取

　　CNN 特征提取是指采用 AlexNet 完成对候选区域图像特征的提取。由于目标检测数据集标注数据较少，这里需要采用迁移学习的方式完成对 AlexNet 的训练，即 AlexNet 网络先通过标注数据较多的 ImageNet 数据集进行预训练。然后，对预训练后的 AlexNet 网络进行调整，将原来最后一个 4096 → 1000 的全连接层替换成 4096 → 21 的全连接层。接着将调整后的 AlexNet 网络在 PascalVOC 数据集上进一步训练，数据集样本划分为正负两类，这里取与标准框 IOU 大于 0.5 的候选框为正样本，其他的则为负样本。最后将训练好的 AlexNet 网络（或者去掉最后一层）用于完成候选区域图像特征提取，提取特征维数是 4096（或者 21）。

6.1.4　SVM 目标分类

　　R-CNN 目标检测算法采用 SVM 完成对目标的分类，其输入为 AlexNet 卷积神经网络提取的图像特征。SVM 也在 PascalVOC 数据集上完成训练，数据集样本也被划分为正负样本，但是与 AlexNet 训练时标准不一样，这里取与标准框 IOU 大于 0.3 的候选框为正样本，其他的则为负样本。显然这样做会增加正样本的数量，但是负样本数量还是很大，于是利用 Hard negative mining 方法从数据集中选择出一批有代表性的负样本。通过这种方式平衡正负样本的数量，最终训练出的 SVM 分类效果会更好。SVM 对每个候选区域的特征向量进行分类，然后采用非极大值抑制（NMS）的方法对分类结果进行后处理，选择出最有可能存在各类目标的候选区域，最后再通过回归模型对各类目标区域进行位置精修，找到真实位置。

6.1.5 Bounding box 回归

Bounding box 回归对 SVM 分类器选择出的各类目标候选区域进行位置回归，预测出最佳位置（最接近于真实位置），其输入为 AlexNet 提取的对应候选区域图像的特征。回归器的训练也是在 PascalVOC 数据集上完成的，数据样本可表示为 (P^i, G^i)，其中 P^i 为候选框区域的坐标，G^i 为真实框的坐标，而且，因为考虑到 SVM 选出的区域是非常接近于真实框的位置的，这里的候选框与真实框之间的 IOU 要大于 0.6 才可以。回归器网络训练时的输入为 AlexNet 提取的候选区域图像特征，输出为预测的候选框 P^i 与真实框 G^i 之间的平移量和尺寸缩放比例，即预测的 P^i 和 G^i 之间的坐标变换关系，可以将其表示为一个四维向量 $[d_x(P), d_y(P), d_w(P), d_h(P)]$，利用这个实际输出与 P^i 和 G^i 之间真实的平移量和尺寸缩放比例目标量建立损失函数，通过反向传播训练更新回归网络参数。在实际推理回归阶段，将 SVM 分类器选择出的各类目标候选区域图像的特征送入回归器，然后将输出的平移量和尺寸缩放比例预测值与候选框坐标进行运算就可以得到预测框的位置坐标，完成目标区域精准位置回归。

R-CNN 在 2014 年提出来时，确实在目标检测上取得了较大的进步，然而 R-CNN 也存在很多缺点与不足，直接限制了 R-CNN 的广泛应用。R-CNN 缺点总结为：

❑ R-CNN 虽然相比于传统穷举方式通过 SS 方法提取候选框，但是依然有 2000 个左右的候选框，需要占用大量的存储空间；

❑ 这些候选框都需要送入 CNN 进行特征提取，计算量非常大，而且其中有不少是重复计算；

❑ 对于 AlexNet 来说，输入的图像需要固定尺寸，而候选框图像标准化（归一化）过程会对图像产生形变，导致网络提取的特征受到影响；

❑ SVM 分类器对于线性分类效果较好，而对于复杂图像的非线性特征分类效果则很一般；

❑ R-CNN 网络训练时，区域选择、特征提取、分类、回归都是分开训练的，中间数据还需要单独保存，训练的空间代价和时间代价都很高。

6.2 Fast R-CNN

针对 R-CNN 的特征提取操作存在大量冗余、候选框图像归一化导致图像特征损失、分类器与回归器需要大量样本单独训练、所需存储空间大及时间长等问题，2015 年，Ross Girshick[8] 提出了 Fast R-CNN 目标检测算法，通过对 CNN 结构与训练方法的改进，有效解决了 R-CNN 存在的问题。Fast R-CNN 还是采用候选区域与 CNN 相结合的方式实现目标检测，但是其 CNN 则是通过结合 VGG16 和 SPPNet 构建的新型网络结构。Fast R-CNN 算法的组成结构如图 6.3 所示，包括基于 SS 方法的候选区域生成、CNN 图像特征提取、Softmax 目标分类及 Bounding box C 边界框回归等步骤，其中 CNN 图像特征提取、Softmax 目标分类及 Bounding box 回归采用神经网络实现。

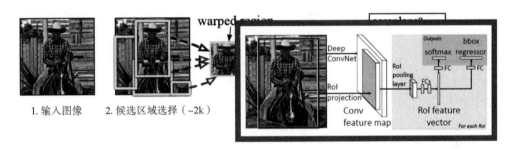

图 6.3　Fast R-CNN 目标检测算法主要结构

6.2.1　基于 SS 方法的候选区域生成

基于选择搜索的候选区域提取方法同 R-CNN 的一致：首先通过图像分割、层次算法等对图像进行小区域划分，然后结合图像颜色、纹理、边缘等特征信息对分割好的小区域进行合并，最后输出合适的候选区域。通过 SS 方法可以从原始图片提取出尺寸大小不一样的 2000 个左右的候选框区域。

6.2.2　CNN 分类与回归

Fast R-CNN 采用的 CNN 是通过结合 VGG16 和 SPPNet 构建的新型网络结构，实现对候选框区域图像的分类与回归。在训练阶段，特征提取、分类与回归网络联合统一训练，有效解决了 R-CNN 分开训练导致的参数存储量大以及训练时间长的问题；在推理阶段，分类和回归同时进行，没有先后顺序，另外需要采用 NMS 方法对分类结果进行后处理，给出最有可能存在各类目标的预测区域。

Fast R-CNN 采用的 CNN 网络包括 13 个卷积层、4 个最大池化层、1 个 ROI 池化层与 4 个全连接层。网络前半部分为典型的 VGG16 结构，包含 13 个卷积层与 4 个最大池化层，输入为 224×224 的 3 通道 RGB 原始图像，输出为整张原始图像的特征映射图。网络后半部分是一个简化的 SPPNet，包括 1 个 ROI 池化层与 4 个全连接层，其中 ROI 池化层输入的是 VGG 部分输出的特征图与候选区域，其作用是针对 SS 选出的不同大小的候选区域，在 VGG 输出的整张特征图上框出不同 ROI 特征区域（SS 选出的候选框在特征图上的映射），并通过尺寸变换（ROI 池化操作）将不同大小的 ROI 特征区域变换为尺寸大小固定的特征图输出。因为全连接层的输入需要尺寸大小一样，所以不能直接将不同大小的候选区域映射到特征图直接作为输出，需要采用 ROI 池化层做尺寸变换。ROI 输出的固定尺寸特征图在展平后送入级联的两个 4096 维全连接层完成候选区域图像特征提取，最后将图像特征信息分别输入 21 维分类 Softmax 全连接层和 84 维位置回归全连接层，同时实现对候选区域图像的分类与位置回归。

1.ROI 池化操作

ROI 池化操作将不同大小的 ROI 特征区域变换为尺寸固定的特征图输出。针对不同大小的 ROI 区域（候选框区域在 VGG 输出特征图上的映射），都将其分割成 $H \times W$ 大小（一般取 7×7）的网格，然后计算每个网格里的最大值作为该网格的输出。因此，无论 ROI 池化之前的 ROI 区域特征图大小是多少，ROI 池化后得到的该区域特征图大小都是 $H \times W$。

2.ROI 池化优势

对于 R-CNN 而言，在进行 CNN 卷积提取图像特征之前，一般需要先将 SS 选出的候选框图像变换到固定尺寸，然后所有候选区域图像都需要输入 CNN 完成分类与回归。这样会导致大量的特征提取冗余操作，而且图像产生的非线性形变会损失特征信息，影响图像正确分类。而 Fast R-CNN 采用 ROI 池化层结构后，只需要将整张原始图像直接送入 CNN 网络，然后通过 ROI 池化操作将不同 ROI 区域变换到固定尺寸，再利用全连接层实现分类，因此对输入数据没有尺寸变换的要求，神经网络也只是对 ROI 区域特征实现分类。ROI 区域是候选框区域在 VGG 输出特征图上的直接映射，原始候选框并没有做任何形变，故图像特征信息完整。同时，所有候选框以整张图像形式输入 CNN，只需一次卷积运算就可完成所有候选框图像的特征提取，有效避免了特征提取冗余，减小了算法的计算量。

6.2.3 Fast R-CNN 目标检测算法特点

Fast R-CNN 目标检测算法与 R-CNN 相比，具有如下特点：

❑ Fast R-CNN 中的卷积操作不再是对每个候选区域图像单独进行，而是直接对整张原始图像进行，减少了很多重复计算，改善了整体算法执行的速度；

❑ 采用 ROI 池化操作实现对 ROI 区域特征的变换，输出固定尺寸的 ROI 区域特征图，ROI 区域是原始候选框通过 VGG 的直接特征映射，特征信息完整，有助于后续网络的分类；

❑ 神经网络包括特征提取、图像分类与位置回归等部分联合统一训练，不单独训练，有效解决了 R-CNN 分开训练导致的参数存储量大以及训练时间长的问题；

❑ Fast R-CNN 目标检测算法显著提升了算法训练与推理的执行速度，但是网络分类和回归准确率有所下降，故更适合于要求响应时间短、执行速度快的应用场景。

6.3　Faster R-CNN

Fast R-CNN 相比于 R-CNN 而言，虽然训练与推理时间大大降低，但是 Fast R-CNN 还是沿用 R-CNN 中的基于 SS 的候选框提取方法，这个过程相对于后续候选区域特征提取及分类过程依然很耗时。为了进一步提升算法执行效率，2016 年，Shaoqing Ren[9] 提出了 Faster R-CNN 目标检测算法。Faster R-CNN 还是采用候选区域与 CNN 相结合的方式实现目标检测，但是 Faster R-CNN 将候选框生成、特征抽取、图像分类以及 Bounding box 回归都整合到一个卷积神经网络中实现，候选框不再采用 SS 方式生成，而是采用卷积神经网络 Region Proposal Network（RPN）直接生成，有效降低了候选框生成的时间。同时候选框数量从原来的 2000 个减少到约 300 个，且候选框质量有很大提高（框住目标的概率很大）。Faster R-CNN 算法的详细组成结构如图 6.4 所示，包括 CNN 图像特征提取、RPN 候选区域生成、Softmax 目标分类及 Bounding box 回归等步骤，均采用神经网络实现。

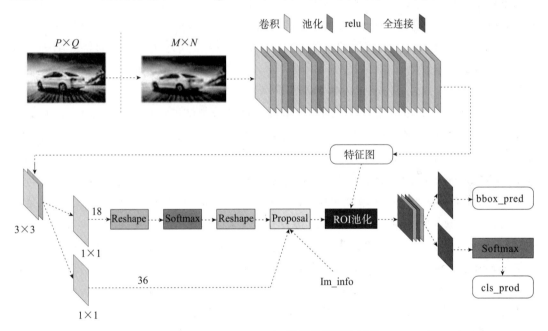

图 6.4　Faster R-CNN 目标检测算法结构

6.3.1　CNN 特征提取

CNN 特征提取采用典型的 VGG16 网络结构，包含 13 个卷积层与 4 个最大池化层。输入原始图像为 $M \times N$ 的 3 通道 RGB 图像，输出为原始图像的 $W \times H$ 特征映射图，其中 $W = M/16$，$H = N/16$。由于目标检测数据集标注数据较少，这里需要采用迁移学习的方式完成对 VGG16 的训练，即先通过标注数据较多的 ImageNet 数据集对 VGG16 网络进行预训练，然后对预训练后的 VGG16 网络仅仅取 13 个卷积层与 4 个最大池化层作为特征提取层。特征提取网络后续还可以和其他网络一起联合训练。

6.3.2　RPN 候选框生成

RPN 候选框生成方式与 SS 方式不同，采用 RPN 神经网络实现，可以有效降低候选框的生成时间，减少候选框生成数量（去除冗余候选框，生成有效的候选框）。RPN 网络结构如图 6.4 所示，其输入为 VGG16 提取的 512 个特征图，首先采用 3×3 卷积对 VGG16 特征图进行卷积，窗口移动步长为 1，卷积核数量为 512 个，因此经过第一层 3×3 卷积操作后，输出 512 张尺寸为 $W \times H$ 的特征图。接下来分成两条通路，上面的分类通路通过 Softmax 分类 anchor 获得正和负两类，下面的回归通路用于计算对于 anchor 的 Bounding box 回归偏移量，以获得精确的候选区域。这里引入了 anchor 的概念，其定义为形状与尺寸不同的候选框模式，RPN 采用三种形状（宽高比为 1∶1、1∶2 和 2∶1）与三种尺寸组合的 9 种 anchor 模式，为 $W \times H$ 的特征图中每一个特征点都配备这 9 种 anchor，即总共有 $W \times H \times 9$ 个 anchor 框（候选框）。分类通路采用 1×1 卷积对 512 张尺寸为 $W \times H$ 的特征图进行卷积，窗口移动步长为 1，卷积核数量为 18 个，输出为 18 张尺寸为 $W \times H$ 的特征图。输出特征图上每个点的 18 维特征可以认为是由输入特征图对应点的 512 维特征计算而来，这 18 维（2×9）特征为该特征点对应的 9 个 anchor 的二分类结果，然后利用 Softmax 计算每个 anchor 的属于正和负分类的概率。回归通路采用 1×1 卷积对 512 张尺寸为 $W \times H$ 的特征图进行卷积，窗口移动步长为 1，卷积核数量为 36 个，输出为 36 张尺寸为 $W \times H$ 的特征图。输出特征图上每个点的 36 维特征可以认为是由输入特征图对应点的 512 维特征计算而来，这 36 维（4×9）特征为该特征点对应的 9 个 anchor 的 Bounding box 回归偏移量结果，每个 anchor 回归偏移量为四维向量 $[d_x(P), d_y(P), d_w(P), d_h(P)]$，其定义同前文类似，为预测的 anchor 与真实框之间的平移量和尺度缩放比例。最后将两条通路的分类与回归结果输入 Proposal 层生成最终的精准候选框区域，具体为首先对正类 anchor 根据其对应的回归偏移量，实现位置回归，负类 anchor 直接丢弃，然后按照正类 anchor 的 Softmax 概率从大到小排序，提取前 N 个修正位置后的正类 anchor，接着剔除超出图像边界的尺寸太小的正类 anchor，最后对剩余的正类 anchor 采用 NMS 进一步处理，最终输出精准正类 anchor，即候选区域。

6.3.3　CNN 分类与回归

Faster R-CNN 算法采用的 CNN 分类与回归网络包括 1 个 ROI 池化层与 4 个全连接层，同 Fast R-CNN 一样。其中 ROI 池化层输入的是 VGG16 部分输出的特征图与 RPN 输出的精准候选区域，其作用是针对 RPN 输出的不同候选区域，在 VGG 输出的整张特征图上框出不同 ROI 特征区域（RPN 选出的候选框在特征图上的映射），并通过尺寸变换（ROI 池化操作）将不同大小的 ROI 特征区域变换为尺寸大小固定的特征图输出。ROI 池化操作具体方式以及 ROI 池化的优势在 Fast R-CNN 部分已论述，这里不再赘述。ROI 输出的固定尺寸特征图在展平后送入级联的两个 4096 维全连接层完成候选区域图像特征提取，最后将图像特征信息分别输入 21 维分类 Softmax 全连接层和 84 维位置回归全连接层，同时实现对候选区域图像的分类与位置回归。

6.3.4　Faster R-CNN 目标检测算法特点

Faster R-CNN 目标检测算法与 R-CNN、Fast R-CNN 相比，具有如下特点：

❑ Faster R-CNN 将候选框生成、特征抽取、图像分类以及 Bounding box 回归这些所有步骤都采用卷积神经网络实现，整个网络可以统一进行训练，也可单独迭代训练；

❑ 采用 RPN 网络方式取代 SS 方式，基于 anchor 机制提取精准的候选框区域，有效降低了候选框生成时间，同时生成更加精准的候选框区域，减少后续网络运算时间，提高目标检测的精度；

❑ Faster R-CNN 目标检测算法相比于 Fast R-CNN 而言，目标定位和分类的准确率没有明显变化，但是更加显著地提升了算法的执行速度，更加适合于要求系统响应时间短的应用场景。

6.4　YOLO

前面小节所讲述的 R-CNN、Fast R-CNN 以及 Faster R-CNN 等算法都属于 two-stage 目标检测算法，首先利用某种策略找出图像中可能存在目标物体的区域作为候选框区域，然后基于候选框图像采用相应算法（CNN）实现目标的分类识别，以及候选框坐标的精准回归。two-stage 目标检测方法主要分两个阶段进行，生成候选框的过程可近似认为是实现目标定位任务，CNN 算法则实现目标分类及目标定位坐标的修正。也就是说，two-stage 方法目标定位与分类（候选框生成与候选区域图像分类）任务是分开完成的，因此执行时间较长，帧图像处理速度较慢。而 one-stage 方法则采用 CNN 算法处理原始完整图像，同时输出目标分类信息与目标定位坐标，即目标定位与分类任务采用同一网络一步完成，这样就有效降低了算法执行的时间，提高了目标检测速度。one-stage 类则主要包含 YOLO、SSD、CornerNet 与 RetinaNet 等方法，本节重点介绍目前应用最广泛的 YOLO 算法，包括不同版本 YOLO 的网络架构、工作原理以及算法间的异同点。

6.4.1　YOLOv1

2016 年，Joseph Redmon[10] 提出了第一代 YOLO 目标检测算法，即 YOLOv1。该算法

突破了原有算法采用候选区域生成与 CNN 分类相结合的方法实现目标检测的策略，直接采用一个卷积神经网络一步同时完成目标定位与分类任务，有效改善了目标检测速度。

1. YOLOv1 核心思想

YOLOv1 在实现目标检测任务时，首先将原始输入图像划分为 $S \times S$（通常取 7×7）的网格，如果某个目标（object）的中心落在这个网格中，则这个网格就负责预测这个目标。对于每个网格，要预测 B（通常取 2）个边框和 C 个类别概率，每个预测框包含目标置信度与预测框坐标信息 (x, y, w, h)，每个网格包含 C 个类别概率信息，即每个网格具有 $B \times 5 + C$ 维特征描述，整个图像的特征描述长度为 $S \times S \times (B \times 5 + C)$。其中目标置信度定义为 $Pr(\text{object}) \times \text{IOU}_{\text{truth}}^{\text{pred}}$，$Pr(\text{object})$ 是该网格中有目标的概率，当该网格负责预测目标时 $Pr(\text{object}) = 1$，否则 $Pr(\text{object}) = 0$，$\text{IOU}_{\text{truth}}^{\text{pred}}$ 是预测框区域和真实的目标位置的交并比，预测框坐标信息描述的是预测框的中心位置 (x, y) 与宽高 (w, h)。为了加速收敛，对四个量都进行 $0 \sim 1$ 的归一化，例如，一个 448×448 的图像划分为 3×3 的网格，那么每个网格大小为 149×149，如果预测框的中心点为 $(220, 190)$，宽为 224，高为 143，采取归一化操作，$x = (220 - 149)/149 = 0.48$，$y = (190 - 149)/149 = 0.28$，$w = 224/448 = 0.50$，$h = 143/448 = 0.32$，于是归一化后就变为（0.48, 0.28, 0.50, 0.32）。最后，对于预测出的 $S \times S \times B$ 个预测窗口，根据阈值去除可能性比较低的部分，再采用 NMS 去除冗余窗口，就实现了目标检测。具体过程为每个网格预测的类别概率和预测框的置信度相乘，就得到每个预测框的最终的类别概率，然后设置阈值滤掉概率较低的预测框，接着对剩余预测框进行 NMS 处理，就得到最终的检测结果。

2. YOLOv1 网络结构

YOLOv1 的网络结构如图 6.5 所示，包括 24 个卷积层、4 个池化层和 2 个全连接层。输入原始图像为 448×448 的 3 通道 RGB 图像，取 $S = 7$，$B = 2$，$C = 20$，输出为 $7 \times 7 \times 30$ 的张量特征，预测框数量为 $7 \times 7 \times 2$。网络的池化层均采用最大池化，最后两层为全连接层网络，且激活函数均采用 ReLU 函数。

YOLOv1 网络训练时的损失函数如式（6-1）所示，包括预测框坐标、预测框置信度及网格类别概率误差三个部分。其中预测框坐标回归相对于置信度与类别概率预测更重要，因此预测框坐标回归误差权重 λ_{coord} 设置得大一些。同时只有当某个网格中有目标时，$1_i^{\text{obj}} = 1$，否则 $1_i^{\text{obj}} = 0$，也就是说，只有当某个网格中有目标时才会计算预测框坐标回归与网络类别概率这两个部分的误差。对于预测框置信度误差部分而言，这里赋予含有目标网格的预测框的置信度预测误差正常权重 1，对于没有含有目标网格的预测框的置信度预测误差，则赋予更小的权重 λ_{noobj}。

$$\text{loss} = \lambda_{\text{coord}} \sum_{i=0}^{S^2} \sum_{j=0}^{B} 1_{ij}^{\text{obj}} \left[\left(x_{ij} - \hat{x}_i \right)^2 + \left(y_{ij} - \hat{y}_i \right)^2 \right] + \lambda_{\text{coord}} \sum_{i=0}^{S^2} \sum_{j=0}^{B} 1_{ij}^{\text{obj}} \left[\left(\sqrt{\omega_{ij}} - \sqrt{\hat{\omega}_i} \right)^2 + \left(\sqrt{h_{ij}} - \sqrt{\hat{h}_i} \right)^2 \right] +$$

$$\sum_{i=0}^{S^2} \sum_{j=0}^{B} 1_{ij}^{\text{obj}} \left(C_{ij} - \hat{C}_i \right)^2 + \lambda_{\text{noobj}} \sum_{i=0}^{S^2} \sum_{j=0}^{B} 1_{ij}^{\text{noobj}} \left(C_{ij} - \hat{C}_i \right)^2 + \sum_{i=0}^{S^2} 1_i^{\text{obj}} \sum_{c \in \text{classes}} \left[p_i(c) - \hat{p}_i(c) \right]^2 \qquad (6\text{-}1)$$

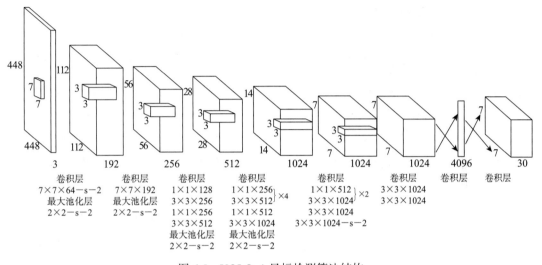

图 6.5 YOLOv1 目标检测算法结构

3. YOLOv1 算法特点

YOLOv1 是第一代 YOLO 目标检测算法，具有如下特点：

- ❑ YOLOv1 算法相对简单，背景误检率也低，同时通用性很强；
- ❑ 由于 YOLOv1 最后两层是全连接层，因此在检测时只支持与训练图像具有相同尺寸大小的输入图像；
- ❑ 虽然每个网格可以预测 B 个边框，但是最终只选择 IOU 最高的预测框作为检测目标输出，因此每个网格最多只能预测一个目标，当一个网格包含多个目标时也只能检测出其中一个；
- ❑ 对于物体相互靠得很近、尺寸较小以及同一类物体出现新的不常见的长宽比等情况，YOLOv1 算法泛化能力偏弱，很难对这种情况下的目标做出精准检测。

6.4.2 YOLOv2

2017 年，Joseph Redmon[11] 提出了第二代 YOLO 目标检测算法，即 YOLOv2。该算法在 YOLOv1 的基础上，从预测更准确（better）、速度更快（Faster）、识别对象更多（stronger）三个方面分别做了改进，当然 YOLOv2 也是直接采用一个卷积神经网络一步同时完成目标定位与分类任务。

1. YOLOv2 核心思想

YOLOv2 在实现目标检测任务时，首先将原始输入图像划分为 $W \times H$ 的网格，$W = M/32$，$H = N/32$，其中 $M \times N$ 是输入原始图像的尺寸。然后借鉴 Faster R-CNN 算法中的 anchor 机制，对于每个网格配备 A 个 anchor 框用于预测目标边框，总共有 $W \times H \times A$ 个 anchor 框。anchor 框的形状与尺寸基于在训练集数据上采用 k-means 聚类来自动找到的合适的预测框模式而设置，每个 anchor 框要预测置信度、Bounding box 回归的偏移值与尺度比例 $[d_x(P), d_y(P), d_w(P), d_h(P)]$ 以及 S 个类别概率，即每个 anchor 框具有 $5 + S$ 维的特征描述，整个图像的特征描述长度为 $W \times H \times A \times (5 + S)$。如果某个目标的中心落在一个网格中，则这个网格对应的 anchor 框就负责预测这个目标，实际上选择同真实目标位置的 IOU 最大的 anchor 框负责预测目标。这里需要注意，不同于 YOLOv1 每个网格最多只能预测一个目标，YOLOv2 同一网格的不同 anchor 框在满足 IOU 要求情况下可以负责检测不同的目标。另外，这里置信度的定义也为 $Pr(\text{object}) \times \text{IOU}_{\text{truth}}^{\text{pred}}$，$Pr(\text{object})$ 是该网格有目标的概率，当该网格包含目标时 $Pr(\text{object}) = 1$，否则 $Pr(\text{object}) = 0$，$\text{IOU}_{\text{truth}}^{\text{pred}}$ 是预测框区域和真实的目标位置的交并比，预测框的中心位置（x, y）与宽高（w, h）则由 anchor 回归的偏移值与尺度比例 $[d_x(P), d_y(P), d_w(P), d_h(P)]$ 与 anchor 原始坐标相乘得到。最后，对于预测出的 $W \times H \times A$ 个预测窗口，根据阈值去除可能性比较低的部分，再采用 NMS 去除冗余窗口，就实现了目标检测。具体过程为每个 anchor 预测的类别概率和置信度相乘，就得到对应预测框的最终的类别概率，然后设置阈值滤掉概率较低的预测框，接着对剩余预测框进行 NMS 处理，就得到最终的检测结果。

2. YOLOv2 网络结构

YOLOv2 的网络结构如表 6.1 所示，包括 19 个卷积层和 5 个最大池化层，实现图像三十二分之一下采样，每个卷积层都包含 Batch Normalization（BN）操作提升检测精度，卷积层激活函数均采用 ReLU 函数。同时网络包含一个 passthrough 层，在最后一个池化操作前将特征图等尺寸拆成 4 块，直接传递到池化后的特征图，两者相加作为输出特征图。这样可以使输出特征图保留一些更细节的特征信息，增强网络对小目标的检测能力。另外，相对于 YOLOv1，网络采用卷积层代替全连接层，使得整个网络可以适应不同尺寸的输入图像。这里假设输入原始图像为 416×416 的 3 通道 RGB 图像，三十二分之一下采样后输出特征图尺寸为 13×13，即 $W = 13$，$H = 13$，同时取 $A = 5$，$S = 20$，那么最终输出为 13×13×125 的张量特征，预测框数量为 13×13×5。

表 6.1 YOLOv2 目标检测算法结构

网络层	卷积核数量	核尺寸 / 移动步长	输出
Convolutional	32	3×3	224×224
Maxpool		2×2/2	112×112
Convolutional	64	3×3	112×112
Maxpool		2×2/2	56×56
Convolutional	128	3×3	56×56
Convolutional	64	1×1	56×56
Convolutional	128	3×3	56×56
Maxpool		2×2/2	28×28
Convolutional	256	3×3	28×28
Convolutional	128	1×1	28×28
Convolutional	256	3×3	28×28
Maxpool		2×2/2	14×14
Convolutional	512	3×3	14×14
Convolutional	256	1×1	14×14
Convolutional	512	3×3	14×14
Convolutional	256	1×1	14×14
Convolutional	512	3×3	14×14
Maxpool		2×2/2	7×7
Convolutional	1024	3×3	7×7
Convolutional	512	1×1	7×7
Convolutional	1024	3×3	7×7
Convolutional	512	1×1	7×7
Convolutional	1024	3×3	7×7
Convolutional	1000	1×1	7×7
Avgpool		Global	1000
Softmax			

YOLOv2 网络训练时的损失函数同 YOLOv1 很类似，也包括预测框坐标、置信度及类别概率误差三个部分，详细内容这里不再赘述。

3. YOLOv2 算法特点

YOLOv2 是第二代 YOLO 目标检测算法，相比于 YOLOv1 算法而言，具有如下特点：

- ❏ YOLOv1 包含全连接层，YOLOv2 则用卷积层代替全连接层，使得整个网络可以适应不同尺寸的输入图像；
- ❏ YOLOv2 采用 DarkNet-19 作为特征提取网络，并且每个卷积个后都加入了 BN，有效改善了目标检测的精度；
- ❏ YOLOv1 是直接预测出目标边框的坐标值，而 YOLOv2 借鉴 anchor 机制，通过卷积神经网络直接预测 anchor 框的偏移值与尺度比例，通过预测偏移量而不是坐标值能够简化问题，更容易使深度卷积神经网络收敛；
- ❏ 基于 anchor 机制，YOLOv2 增加了预测目标的候选区域数量，对目标的检测更加灵活，同时不同于 YOLOv1 每个网格最多只能预测一个目标，YOLOv2 同一网格的不同 anchor 框可以负责检测不同的目标；
- ❏ 在训练集数据上采用了 k-means 聚类来自动找到合适的预测框模式，改进 anchor 框的形状与尺寸设置。

6.4.3　YOLOv3

2018 年，Joseph Redmon[12] 提出了第三代 YOLO 目标检测算法，即 YOLOv3。该算法在 YOLOv2 的基础上，通过引入特征金字塔网络（Feature Pyramid Network，FPN）改进模型结构，实现多尺度目标检测，进一步提高了目标检测的精度，当然 YOLOv3 也是直接采用一个卷积神经网络一步同时完成目标定位与分类任务。

1. YOLOv3 核心思想

YOLOv3 在实现目标检测任务时，采用 FPN 在不同尺度的特征图上基于 anchor 机制实现不同尺寸大小物体的精准检测，利用层次较浅的特征图完成小物体检测，层次较深的特征图完成大物体检测。也可以这样理解，首先将原始输入图像划分为不同尺寸 $W \times H$ 的网格（即提取多个尺度的特征图），第一个尺度下 $W = M/8$，$H = N/8$，第二个尺度下 $W = M/16$，$H = N/16$，第三个尺度下 $W = M/32$，$H = N/32$，其中 $M \times N$ 是输入原始图像的尺寸。然后借鉴 Faster R-CNN 算法中的 anchor 机制，对于每个网格配备 A 个 anchor 框用于预测目标边框，每个尺度下总共有 $W \times H \times A$ 个 anchor 框，每个 anchor 框要预测置信度、Bounding box 回归的偏移值与尺度比例 $[d_x(P), d_y(P), d_w(P), d_h(P)]$ 以及 S 个类别概率，即每个 anchor 框具有 $5 + S$ 维的特征描述，每个尺度下的特征描述长度为 $W \times H \times A \times (5 + S)$。如果某个目标的中心落在一个网格中，则这个网格对应的 anchor 框就负责预测这个目标，实际上选择同真实目标位置的 IOU 最大的 anchor 框负责预测目标。同 YOLOv2 类似，YOLOv3 同一网格的不同 anchor 框在满足 IOU 要求情况下可以负责检测不同的目标。实际上，第一尺度下的 anchor 框适合检测小物体，第二尺度下的 anchor 框适合检测一般大小的物体，第三尺度下的 anchor 框适合检测大物体。另外，anchor 框的形状与尺寸基于在训练集数据上采用 k-means 聚类来自动找到的合适的预测框模式而设置，YOLOv3 算法一般通过 k-means 聚类可以得到 9 种不同形状与尺寸的预测框模式。然后按照尺寸大小分配给不同尺度下的 anchor 作为设置依据，每个尺度下分配 3 种预测框模式。这里置信度的定义也为 $Pr(object) \times IOU_{truth}^{pred}$，$Pr(object)$ 是该网格有目标的概率，当该网格包含目标时 $Pr(object)=1$，否则 $Pr(object)=0$，IOU_{truth}^{pred} 是预测框区域和真实的目标位置的交并比，预测框的中心位置 (x, y) 与宽高 (w, h) 则由 anchor 回归的偏移值与尺度比例 $[d_x(\boldsymbol{P}), d_y(\boldsymbol{P}), d_w(\boldsymbol{P}), d_h(\boldsymbol{P})]$ 与 anchor 原始坐标相乘得到。最后，对于预测出的窗口，根据阈值去除可能性比较低的部分，再采用 NMS 去除冗余窗口，就实现了目标检测。具体过程为每个 anchor 预测的类别概率和置信度相乘，就得到对应预测框的最终的类别概率，然后设置阈值滤掉概率较低的预测框，接着对剩余预测框进行 NMS 处理，就得到最终的检测结果。

2. YOLOv3 网络结构

YOLOv3 的网络结构如图 6.6 所示，图像特征部分采用 Darknet-53 网络实现，包含 52 个卷积层，共实现 32 倍图像下采样。其中 DBL 卷积层由普通卷积层、BN 层与 Leaky ReLU 激活函数组成，res 层借鉴了 ResNet 的残差结构，通过残差学习方式提取表达性更强的特征，同时网络采用卷积层替换最大池化层，实现特征图尺寸与维度的变换。相对于 ResNet-152 和 ResNet-101，Darknet-53 在分类准确度上差不多，但是其网络层数较少，于是整体计算速度得到较大提升。相对于 Darknet-19，Darknet-53 增加了网络层数，能够提取更多尺度（更丰富）的特征图，再结合 anchor 机制，可以实现不同尺寸物体的精准检测，有效提高目标检测精度。这里假设输入原始图像为 416×416 的 3 通道 RGB 图像，那么第一个 res8 输出原始图像 8 倍下采样后尺寸为 52×52 的特征图，第二个 res8 输出原始图像 16 倍下采样后尺寸为 26×26 的特征图，res4 输出原始图像 32 倍下采样后尺寸为 13×13 的特征图。目标定位与分类部分采用 FPN 实现，主要由 DBL 卷积层、普通卷积层、上采样层与拼接层组成，在不同尺度的特征图上实现不同尺寸目标的检测。这里不同于 SSD 算法，不同尺度的特征图间还通过上采样拼接方式进一步改善特征图特征的描述能力，提高目标检测精度。例如，图 6.6 中 res4 输出的 13×13 特征图在经过 DBL 后通过上采样变为 26×26 特征图，然后将其与第二个 res8 输出的 26×26 特征图拼接，增加特征图维度（数量），改善第二个 res8 输出的特征图的特征表达能力，尤其是大物体粗特征的性能。这里取 $A=3$，$S=80$，那么第一尺度下预测框数量为 52×52×3，最终输出张量特征为 52×52×255，第二尺度下预测框数量为 26×26×3，最终输出张量特征为 26×26×255，第三尺度下预测框数量为 $13 \times 13 \times 3$，最终输出张量特征为 $13 \times 13 \times 255$。

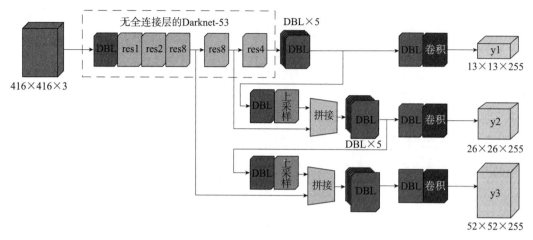

图 6.6　YOLOv3 目标检测算法结构

YOLOv3 网络训练时的损失函数同 YOLOv2 很类似，也包括预测框坐标、置信度及类别概率误差三个部分，详细内容这里不再赘述。

3. YOLOv3 算法特点

YOLOv3 是第三代 YOLO 目标检测算法，相比于 YOLOv2 算法而言，具有如下特点：

❑ YOLOv3 采用 DarkNet-53 作为特征提取网络，其中 DBL 卷积层采用卷积＋BN＋Leaky ReLU 的结构，res 借鉴了 ResNet 的残差结构，有效改善了目标检测的精度；

❑ YOLOv3 采用卷积层替代最大池化层，通过卷积方式实现特征图尺寸变换；

❑ YOLOv2 对于小物体的检测效果较差，YOLOv3 则通过引入 FPN 网络改进检测模型结构，在不同尺度的特征图上基于 anchor 机制实现不同尺寸大小物体的精准检测，利用层次较浅的特征图完成小物体检测，层次较深的特征图完成大物体检测；

❑ 与 YOLOv2 类似，YOLOv3 同一网格的不同 anchor 框可以负责检测不同的目标，提高目标检测精度；

❑ 在训练集数据上采用了 k-means 聚类来自动找到合适的预测框模式，然后按照尺寸大小分配给不同尺度下的 anchor 作为设置依据，改进 anchor 框的形状与尺寸设置。

CHAPTER 7

第 7 章

深度学习优化技术

深度神经网络在训练阶段参数更新时经常会遇到梯度消失与爆炸、过拟合等问题，导致神经网络泛化能力减弱，分类和函数拟合效果变差。本章在分析梯度消失、过拟合等问题产生原因的基础上，介绍包括优化传输函数、增加训练数据集、regularization（正则化）及 dropout 技术等深度学习优化技术，改善梯度消失与过拟合问题。同时，针对网络训练时参数更新太慢，导致训练时间增加、训练结果变差的问题，介绍包括网络参数初始值选择规则、可变的学习速度与优化损失函数等深度学习优化技术，提高网络参数更新速度，改善训练时间与训练结果。

7.1 梯度消失

通过对多层深度神经网络进行训练，同时统计每轮训练时网络各层参数的更新值，可以看出不同层参数随迭代次数的更新速度不一样，越靠近输入的层参数更新速度越慢，甚至出现更新值接近于 0 情况，这种现象普遍存在于神经网络之中，叫作梯度消失。另外一种情况是内层的梯度比外层大很多，叫作梯度爆炸。因此用梯度之类的算法学习的神经网络存在不稳定性。训练深度神经网络，需要解决梯度消失问题。

假设有一个如图 7.1 所示结构的神经网络，可得：

$$\frac{\partial F}{\partial b_1} = \dot{f}(n_1)\omega_2 \dot{f}(n_2)\omega_3 \dot{f}(n_3)\omega_4 \dot{f}(n_4)\frac{\partial F}{\partial a_4} \tag{7-1}$$

$$\frac{\partial F}{\partial \omega_1} = p \dot{f}(n_1)\omega_2 \dot{f}(n_2)\omega_3 \dot{f}(n_3)\omega_4 \dot{f}(n_4)\frac{\partial F}{\partial a_4} \tag{7-2}$$

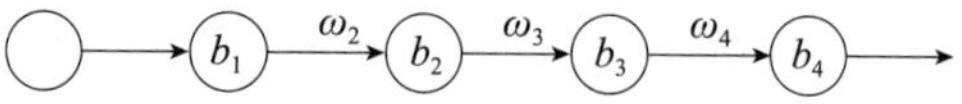

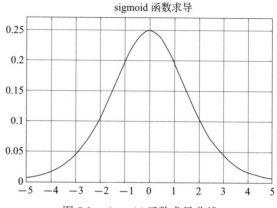

图 7.1   示例神经网络结构

这个神经网络采用 sigmoid 函数作为神经元的传输函数。sigmoid 函数求导 $\dot{f}(n)$ 如图 7.2 所示，函数最高点 $\dot{f}(0)=0.25$，初始化时按照标准正态分布 (0,1) 规律随机产生神经网络权值与偏置值，大部分 $|\omega_j|<1$，因此 $\left|\omega_j \dot{f}(n_j)\right|<0.25$。显然，对于式（7-1）和式（7-2）中的多项乘积来讲，层数越多，连续乘积越小，也就是说越靠近输入

图 7.2   sigmoid 函数求导曲线

的网络层的参数更新就越小越慢，接近于 0 时出现梯度消失。

为了解决梯度消失问题，可以初始化比较大的权值，比如 $\omega_1=\omega_2=\omega_3=\omega_4=100$，然后初始化 b 使得 $\dot{f}(n)$ 不要太小。为了让 $\dot{f}(n)$ 能够取最大值，可以通过调节 b 使 $n=0$，此时 $\omega_j \dot{f}(n_j)=25$，每层又是前一层的 25 倍，于是又出现了梯度爆炸问题。

从根本上来讲，神经网络后面层的梯度是前面层累积的乘积，所以神经网络非常不稳定。优化传输函数是解决梯度消失问题的有效方法之一。图 7.3 是三种不同类型传输函数的比较图，下面的曲线代表 sigmoid 函数，直线代表 softplus 函数，上面的曲线则代表 ReL（Rectified Linear Function）函数。其中函数表达式为：

softplus 函数：$\max(0, x)$

ReL 函数：$\mathrm{ReL}=\log(1+e^x)$

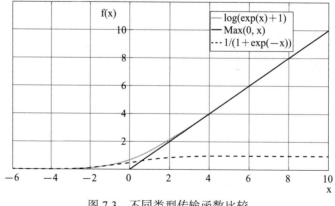

图 7.3   不同类型传输函数比较

sigmoid 函数和 ReL 函数的主要区别在于：sigmoid 函数的取值区间为 (0,1)，ReL 函数的取值区间为 (0, ∞)，所以 sigmoid 函数适合用于描述概率，而 ReL 函数适合用于描述实数；sigmoid 函数的梯度随着 x 的增大或减小而消失，而 ReL 函数不会，$x<0$ 时其梯度为 0，$x>0$ 时其梯度为 1，只要输入大于 0，就不会产生梯度消失问题。

7.2　过拟合

过拟合是指在神经网络训练过程中，由于对训练数据的过度学习，导致网络模型在训练集上表现良好，而在测试集上的泛化能力较差的一种现象。对于分类应用，过拟合表现为分类准确率较低，对于回归应用，过拟合表现为函数拟合误差过大。减少过拟合现象，提升网络泛化能力是神经网络应用中亟须解决的难题。接下来介绍三种常用的过拟合现象改善方法。

7.2.1　增加训练数据集

在神经网络训练过程中，训练数据的质量直接决定网络训练的性能。如针对物体分类应用而言，好的数据集不仅应该包含多个物体种类的样本数据，而且每个种类的物体数据量应该足够大，场景足够丰富。只有这样的训练数据集才能使得神经网络通过训练达到最佳的分类性能。降低网络过拟合的一个重要方法就是增加网络训练的数据集，如果数据集太小，那么网络训练时就会对某些数据重复训练，导致过度学习产生网络过拟合。而通过增加训练数据集样本，网络训练时就可在更宽的数据范围内学习，降低数据重复学习概率，减少网络过拟合。

人工扩大训练集：比较一下随着训练集的增大，网络分类准确率的变化。

网络模型：隐藏层为 30 个神经元，mini-batch size 为 10，学习率为 0.5，$\lambda=5.0$，采用 cross-entropy（交叉熵）损失函数，训练迭代 30 次，不同训练集样本数量情况下网络训练完成后分类准确率的统计如图 7.4 所示。由图可知，随着训练集样本数量的增大，分类准确率一直在增加，网络的性能越来越好。

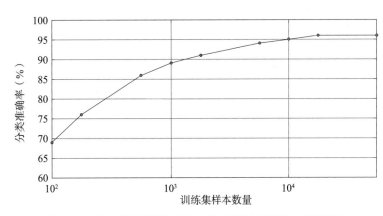

图 7.4　采用不同规模训练集时神经网络分类准确率统计图

7.2.2　regularization

对于固定的神经网络和固定的训练集，可以通过 regularization 的方式减少过拟合。regularization 方式的基本思路是在原有损失函数的基础上，增加 regularization 项修正损失函数，来减少训练过程中的过拟合现象，提高网络泛化能力。

1. L2 regularization

对于 cross-entropy 损失函数，修正后为：

$$F(\boldsymbol{W},\boldsymbol{b})=-\frac{1}{n}\sum_{p}\sum_{j}\left[t_j\ln a_j+\left(1-t_j\right)\ln\left(1-a_j\right)\right]+\frac{\lambda}{2n}\sum_{\omega}\omega^2 \tag{7-3}$$

其中增加了一项网络所有权值平方之和，λ 为 regularization 参数，其取值 $\lambda>0$。

对于均方误差损失函数，修正后为：

$$F(\boldsymbol{W},\boldsymbol{b})=\frac{1}{n}\sum_{p}\left\|\boldsymbol{t}-\boldsymbol{a}^L\right\|^2+\frac{\lambda}{2n}\sum_{\omega}\omega^2 \tag{7-4}$$

对于任意损失函数而言，修正后的函数可以总结表示为：

$$F(\boldsymbol{W},\boldsymbol{b})=F_0+\frac{\lambda}{2n}\sum_{\omega}\omega^2 \tag{7-5}$$

regularization 的损失函数偏向于让神经网络学习比较小的权重 ω。λ 调整两项的相对重要程度，较小的 λ 倾向于让第一项 F_0 最小化，较大的 λ 倾向于最小化网络权值。

对式（7-5）求偏导数为：

$$\frac{\partial F}{\partial \omega}=\frac{\partial F_0}{\partial \omega}+\frac{\lambda}{n}\omega \tag{7-6}$$

$$\frac{\partial F}{\partial b}=\frac{\partial F_0}{\partial b} \tag{7-7}$$

其中偏导数 $\frac{\partial F_0}{\partial \omega}$ 和 $\frac{\partial F_0}{\partial b}$ 可以用前面的 BP 算法求得。可以看出对于权值 ω，偏导数增加了一项 $\frac{\lambda}{n}\omega$，对于偏置值 b，偏导数保持不变。

对于梯度下降算法，网络权值和偏置值更新法则变为：

$$\omega_{k+1}=\omega_k-\alpha_k\frac{\partial F_0}{\partial \omega_k}-\alpha_k\frac{\lambda}{n}\omega_k=\left(1-\alpha_k\frac{\lambda}{n}\right)\omega_k-\alpha_k\frac{\partial F_0}{\partial \omega_k} \tag{7-8}$$

$$b_{k+1}=b_k-\alpha_k\frac{\partial F_0}{\partial b_k} \tag{7-9}$$

对于随机梯度下降算法，网络权值和偏置值更新法则变为：

$$\omega_{k+1}=\left(1-\alpha_k\frac{\lambda}{n}\right)\omega_k-\alpha_k\frac{1}{m}\sum_{i=1}^{m}\frac{\partial F_{p_i}}{\partial \omega_k} \qquad (7\text{-}10)$$

$$b_{k+1}=b_k-\alpha_k\frac{1}{m}\sum_{i=1}^{m}\frac{\partial F_{p_i}}{\partial b_k} \qquad (7\text{-}11)$$

从理论上来讲，regularization 可以有效减少过拟合的原因在于损失函数增加 regularization 项后，权值更新时先将原有权值 ω 减小为原来的 $\left(1-\alpha_k\dfrac{\lambda}{n}\right)$，再增加 $\Delta\omega$，网络权值整体更新速度变慢，从某种意义上可以认为其和前文的动量法有异曲同工之处。换个角度看，regularized 神经网络会学习到更小的权值，让输入数据 p 的随机噪声不会产生较大输出误差，因此对神经网络模型不会造成太大影响，即受到数据局部噪声影响的可能性更小。un-regularized 神经网络，学习到的权值更大，在输入数据 p 存在随机噪声的情况下，容易通过神经网络模型比较大的改变来适应数据，更容易学习到数据局部的噪声，这样就对训练数据特征过度学习，反而使得测试数据的拟合度或者分类准确率下降。

2. L1 regularization

对于 cross-entropy 损失函数，修正后为：

$$F(\boldsymbol{W},\boldsymbol{b})=-\frac{1}{n}\sum_p\sum_j\Big[t_j\ln a_j+(1-t_j)\ln(1-a_j)\Big]+\frac{\lambda}{n}\sum_\omega|\omega| \qquad (7\text{-}12)$$

其中增加了一项网络所有权值绝对值之和，λ 为 regularization 参数，其取值 $\lambda>0$。λ 的取值同训练集样本数成正比，训练集样本规模越大，λ 取值也越大。

对于均方误差损失函数，修正后为：

$$F(\boldsymbol{W},\boldsymbol{b})=\frac{1}{n}\sum_p\left\|\boldsymbol{t}-\boldsymbol{a}^L\right\|^2+\frac{\lambda}{n}\sum_\omega|\omega| \qquad (7\text{-}13)$$

对于任意损失函数而言，修正后的函数可以总结表示为：

$$F(\boldsymbol{W},\boldsymbol{b})=F_0+\frac{\lambda}{n}\sum_\omega|\omega| \qquad (7\text{-}14)$$

同 L2 regularization 很相似，L1 regularization 的损失函数偏向于让神经网络学习比较小的权重 ω。λ 调整两项的相对重要程度，较小的 λ 倾向于让第一项 F_0 最小化，较大的 λ 倾向于最小化网络权值，但是两种 regularization 对损失函数增加的部分不完全一样。

对式（7-14）求偏导数为：

$$\frac{\partial F}{\partial \omega}=\frac{\partial F_0}{\partial \omega}+\frac{\lambda}{n}\mathrm{sgn}(\omega) \qquad (7\text{-}15)$$

$$\frac{\partial F}{\partial b}=\frac{\partial F_0}{\partial b} \qquad (7\text{-}16)$$

其中偏导数 $\dfrac{\partial F_0}{\partial \omega}$ 和 $\dfrac{\partial F_0}{\partial b}$ 可以用前面的 BP 算法求得。对于权值 ω，偏导数增加了一项 $\dfrac{\lambda}{n}\,\mathrm{sgn}(\omega)$，$\mathrm{sgn}(\omega)$ 取值为 ± 1，当 ω 为正数时，$\mathrm{sgn}(\omega)$ 取值为 1，当 ω 为负数时，$\mathrm{sgn}(\omega)$ 取值为 -1；对于偏置值 b，偏导数保持不变。

对于梯度下降算法，网络权值和偏置值更新法则变为：

$$\omega_{k+1}=\omega_k-\alpha_k\frac{\partial F_0}{\partial \omega_k}-\alpha_k\frac{\lambda}{n}\mathrm{sgn}(\omega_k)=\omega_k-\alpha_k\frac{\lambda}{n}\mathrm{sgn}(\omega_k)-\alpha_k\frac{\partial F_0}{\partial \omega_k} \qquad (7\text{-}17)$$

$$b_{k+1}=b_k-\alpha_k\frac{\partial F_0}{\partial b_k} \qquad (7\text{-}18)$$

对比之前的 L2 权值更新法则（式 7-10）可知，两种 regularization 在权值更新时都是先减小原有权值，只是方法不同。L1 regularization 是减少一个常量，L2 regularization 是减少权值的一个固定比例。如果权值本身很大，L1 regularization 减少得就比 L2 regularization 少很多；如果权值本身很小，L1 regularization 减少得就更多。因此，L1 regularization 倾向于集中在少部分重要的连接上。

当 $\omega=0$，偏导数 $\dfrac{\partial F}{\partial \omega}$ 无意义，因为 $|\omega|$ 的形状在 $\omega=0$ 时是一个 V 字形的尖锐拐点，不可导，所以当 $\omega=0$ 时，我们就使用 un-regularized 表达式，$\mathrm{sgn}(0)=0$。regularization 的目的就是减小权值，当 $\omega=0$ 时就无须再减小。

L1 regularized 神经网络同 L2 regularized 神经网络类似，都是希望学习到更小的权值，或者说让权值的更新速度变慢。输入数据 $\boldsymbol{p}$ 的随机噪声不会产生较大输出误差，导致分类错误或者预测失败，神经网络模型也不会产生比较大的改变来适应数据，使得对训练数据学习过度，因此 regularized 神经网络模型受到数据局部噪声影响的可能性更小，过拟合现象减少。

7.2.3　dropout 技术

L1、L2 regularization 技术是对损失函数进行修正，通过增加修正项影响神经网络的训练过程，减少过拟合现象，而神经网络本身的结构没有发生改变。dropout 技术则是在神经网络训练过程中动态改变网络结构，每次迭代训练只针对特定神经元有效，本质上也是降低网络参数更新速度。

这里假设有一个两层神经网络，其结构如图 7.5 所示。通常，我们根据输入 $\boldsymbol{p}$，正向通过神经网络，计算实际输出值 $\boldsymbol{a}$，然后基于反向传播算法反向逐层来更新网络权值与偏置值。

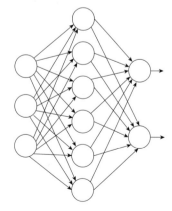

图 7.5　两层神经网络结构图

但是，dropout 方法则不同，它首先随机选取隐藏层的一半神经元并删除掉，效果如图 7.6 所示。然后在这个更改过的神经网络上完成一次正向计算输出和反向更新权值的训练迭代。接着恢复之前删除的神经元，重新随机选择一半神经元删除，并进行下一次正向计算输出和反向更新权值的训练迭代，重复此过程直至迭代结束。

由于神经网络中的每个神经元的权值与偏置值都是在只有一半神经元的基础上训练而得到，所以当迭代结束所有神经元被恢复后，为了补偿，我们把隐藏层的所有参数减半，进一步降低网络参数更新速度。

dropout 技术可以有效减少神经网络的过拟合。每次训练迭代时，都会随机删掉一些神经元然后正向计算与反向更新。这种方式客观上减少了神经元的依赖性，也就是说每个神经元不能依赖于某个或者某几个其他神经元，迫使神经元学习与更

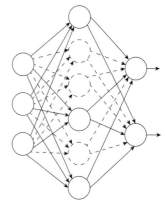

图 7.6　随机删除一半
神经元后的神经网络结构

广泛的神经元建立关系，使得神经网络更加健壮，减少过拟合现象。采用 dropout 技术训练网络的过程类似于对于同一组训练数据，利用不同的神经网络来训练，训练完成之后，求网络参数平均值的训练过程。

总之，神经网络的过拟合问题是由于网络训练时对训练数据的过度学习，导致网络泛化能力减弱，对全新测试数据的分类和预测效果变差。从技术层面来看，过拟合问题是由于网络在训练时，网络参数更新速度过快、网络参数值过大而产生的。上述改善方法本质上都是在降低网络参数的更新速度，达到消除过拟合现象的目的。而除了上述方法，在实际应用过程中，减小神经网络的规模与消除参数更新梯度爆炸问题，也都可以有效减少过拟合现象，其他更有效的方法还有待研究。

7.3　初始值与学习速度

7.3.1　初始值选择规则

在现实应用中，绝大部分的变量都满足正态分布规律。正态分布的统计变化采用均值与标准差来描述，其具体计算方法请参考概率与统计课程相关书籍。图 7.7 为某个变量 X 的正态分布统计图，$E(X)=100$，σ 为统计变量 X 的标准差，$\sigma=15$。由图可知，X 在 $E(X)-\sigma$ 与 $E(X)+\sigma$ 之间取值的概率约为 68%，在 $E(X)-2\sigma$ 与 $E(X)+2\sigma$ 之间取值的概率约为 95%。换句话说，X 绝大部分取值处于 $E(X)-\sigma$ 与 $E(X)+\sigma$ 之间。标准正态分布是正态分布的一个特例，其均值为 0，标准差为 1。

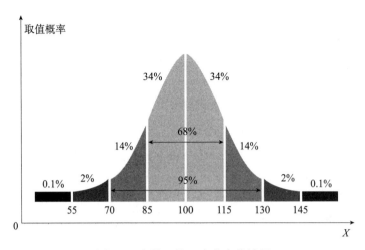

图 7.7   变量 X 的正态分布统计图

根据前文所述，在神经网络训练开始前，需要对网络的所有参数进行初始化，不同的参数初始化规则会导致网络在训练时具备不同的收敛速度，获得不同的最终分类准确率，因此选择有效的神经网络参数初始化规则已成为改善网络训练速度及分类准确率的重要方法之一。

这里先假设一个多层神经网络，其输入 p 是 1000 维的列向量，其中一半元素是 0，另外一半元素是 1。选择网络中的一个神经元，$z_i = {}_iWp + b_i$，其中权值矩阵 W 和偏置值 b 的初始化按照标准正态分布规律取值。根据方差的性质 $D(X+Y) = D(X) + D(Y)$，其中 X 和 Y 是独立向量，可知 z_i 的标准差为：

$$\sigma_{z_i} = \sqrt{\cdots + D(\omega_{i,j}) \cdots + D(b_i)} = \sqrt{501} = 22.4 \tag{7-19}$$

z_i 取值的正态分布统计如图 7.8 所示，显然 z_i 的取值很多都远大于 1 或者远小于 -1。根据 sigmoid 函数的特性，神经元实际输出值都接近 0 和 1，对应斜率接近于 0，偏导数 $\dfrac{\partial F}{\partial \omega}$ 和 $\dfrac{\partial F}{\partial b}$ 的值均很小，于是权值和偏置值更新速度很慢。对于更新更前面的网络层，由于需要斜率相乘，参数更新速度会更慢。这类问题也称为隐藏层饱和问题，这里通过优化网络参数初始化规则改善这类问题，提高网络参数的更新速度。

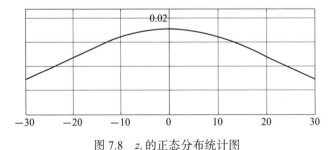

图 7.8 z_i 的正态分布统计图

这里采用均值为 0，标准差为 $\dfrac{1}{\sqrt{R}}$ 的正态分布规律初始化权值矩阵 $\boldsymbol{W}$，其中 R 为输入向量的维数，即 $R=1000$，采用标准正态分布规律初始化偏置值 $\boldsymbol{b}$，输入向量 $\boldsymbol{p}$ 的一半元素是 0，另外一半元素是 1。对于同样的神经元 $z_i={}_i\boldsymbol{Wp}+b_i$，可得 z_i 的标准差为：

$$\sigma_{z_i}=\sqrt{\cdots+D(\omega_{i,j})\cdots+D(b_i)}=\sqrt{\dfrac{1}{1000}\times 500+1}=1.22 \tag{7-20}$$

优化后的 z_i 取值的正态分布统计如图 7.9 所示，显然 z_i 的取值大部分在 -1 与 1 之间，根据 sigmoid 函数的特性，其对应斜率比较大，偏导数 $\dfrac{\partial F}{\partial \omega}$ 和 $\dfrac{\partial F}{\partial b}$ 的值均很大，神经元没有饱和，权值和偏置值更新速度变快。

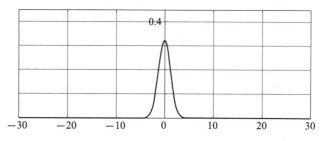

图 7.9　优化后的 z_i 取值的正态分布统计图

7.3.2　可变的学习速度

在神经网络训练过程中，学习速度 α 的选择直接影响网络参数的更新速度及网络最终的性能。如果学习速度 α 取值太小，则网络参数更新速度变慢，训练时间增长；如果学习速度 α 取值太大，一定程度上可以提高网络参数更新速度，但是在接近参数最优值时，很有可能由于网络参数变化太大，直接跳过最优点，甚至引起网络参数更新过程振荡，学习无法收敛，最终导致网络性能下降。因此采取可变的学习速度训练网络是提高网络训练速度及最终性能的有效方法之一。

1. 可变学习速度策略一

在网络训练前期，采取较大的学习速度 α，提高网络参数更新速度，降低网络训练时间；在网络训练后期，采取较小的学习速度 α，逐渐逼近最优的网络参数，使得性能指数最小，网络性能最佳。具体过程如图 7.10 所示。

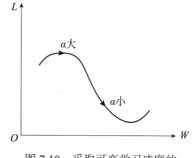

图 7.10　采取可变学习速度的
网络参数更新过程

2. 可变学习速度策略二

结合动量法实现可变学习速度的反向传播，具体规则为：

❑ 如果性能指数（在训练集上）在网络参数更新后增加了，且超过了某个设置的百分数 ξ（典型值为 1%～5%），则参数更新被取消，学习速度乘以一个因子 ρ（$0<\rho<1$），并且动量系数 γ 被设置为 0。

❑ 如果性能指数在网络参数更新后减小了，则参数更新被接受，而且学习速度将被乘以一个因子 η（$\eta>1$）。如果 γ 被设置为 0，则恢复到以前的值。

❑ 如果性能指数的增长小于 ξ，则网络参数更新被接受，但是学习速度保持不变。如果 γ 被设置为 0，则恢复到以前的值。

从本质上而言，这种策略在网络参数更新后：如果性能指数减小或者微弱增加，则接受参数更新，同时提高学习速度加快训练过程；如果性能指数显著增加，则不接受参数更新，回退至前一次参数更新值，同时降低学习速度，避免错过最佳值。

7.4 损失函数

损失函数也称为目标函数，用来衡量神经网络实际输出与目标输出之间的距离，训练的目的就是使得损失函数的取值达到最优。损失函数不仅能够影响网络训练的收敛速度，而且能够影响网络的分类或者拟合的准确度。因此损失函数的构建是神经网络训练中非常关键的步骤，设计良好的损失函数将有效提升网络训练的收敛速度，改善分类或者拟合的性能。

7.4.1 均方误差损失函数

均方误差是神经网络训练时最常采用的损失函数之一，在物体分类与函数拟合应用中都表现出很不错的性能，尤其在函数拟合应用中使用较多。均方误差损失函数定义为：

$$F(\boldsymbol{W},\boldsymbol{b})=\frac{1}{n}\sum_{p}\left\|\boldsymbol{t}-\boldsymbol{a}^{L}\right\|^{2} \qquad (7\text{-}21)$$

然而在实际分类应用中，均方误差损失函数相对而言性能表现比较一般，针对不同的应用场景与需求，cross-entropy、central-loss 等损失函数及其组合能够更好地应用于神经网络训练，取得良好的收敛速度与分类准确率。这里举一个例子说明下均方误差损失函数的性能问题。

假设有一个如图 7.11 所示的简单模型，其为单层单神经元网络，且只有一个输入。传输函数采用 sigmoid 函数。当输入 $p=1$ 时，目标输出 $t=0$。

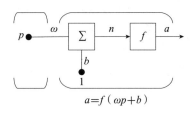

$$a=f(\omega p+b)$$

图 7.11　单层单神经元网络

初始化 $\omega=2$，$b=2$，初始实际输出 $a=0.98$，与目标输出 0 相差很远。采用均方误差损失函数基于反向传播算法训练网络，训练过程如图 7.12 所示，横轴为训练轮数（迭代次数），竖轴为实际输出相对于目标输出的误差。显然当迭代次数超过 300 时，误差变得很小，网络实际输出接近于 0。

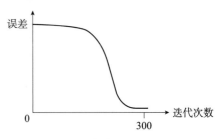

图 7.12　单层单神经元网络训练过程
（采用均方误差损失函数）

然而网络开始学习很慢，严重影响网络整体收敛速度。根据前面章节所述，网络权值与偏置值的更新满足式（3-47）与式（3-48），可见网络学习速度慢主要是因为偏导数 $\dfrac{\partial F}{\partial \omega}$ 和 $\dfrac{\partial F}{\partial b}$ 的值比较小。对于该网络而言，

$$F(\boldsymbol{W},\boldsymbol{b})=(t-a)^2 \tag{7-22}$$

其中 $a=f(n)$，$n=\omega p+b$，分别对 ω 和 b 求偏导数可得：

$$\frac{\partial F}{\partial \omega}=2(a-t)\dot{f}(n)p \tag{7-23}$$

$$\frac{\partial F}{\partial b}=2(a-t)\dot{f}(n) \tag{7-24}$$

当 $p=1$，$t=0$ 时，$\dfrac{\partial F}{\partial \omega}=2a\dot{f}(n)$，$\dfrac{\partial F}{\partial b}=2a\dot{f}(n)$，根据传输函数 sigmoid 的特性，实际输出 a 的取值范围为：$0<a<1$，故网络参数偏导值大小主要取决于 sigmoid 函数中 n 点所对应的斜率值。在训练前期，神经元实际输出 a 接近于 1，净输入 n 较大，所以对应斜率接近于 0，偏导数 $\dfrac{\partial F}{\partial \omega}$ 和 $\dfrac{\partial F}{\partial b}$ 的值均很小，于是权值和偏置值更新速度很慢。这种情况属于输出层饱和，同前文的隐藏层饱和问题相似，都会导致权值与偏置值更新变慢，这里可以通过改进损失函数来有效解决输出层饱和问题。

7.4.2　cross-entropy 损失函数

为了提升训练收敛速度，我们需要引入新的损失函数替代均方误差函数，损失函数的构建需要满足两个条件：

❏ 函数值大于等于 0；

❏ 当 $a=t$ 时，$F(\boldsymbol{W},\boldsymbol{b})=0$。

这里引入 cross-entropy 损失函数。假设有一个多输入单神经元网络，如图 7.13 所示，传输函数仍采用 sigmoid 函数，其中 $a=f(n)$，$n=\sum_j \omega_j p_j+b$。

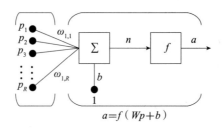

$$a = f(Wp + b)$$

图 7.13   多输入单神经元网络

定义 cross-entropy 损失函数为：

$$F(\boldsymbol{W}, \boldsymbol{b}) = -\frac{1}{n} \sum_p [t \ln a + (1-t) \ln(1-a)] \tag{7-25}$$

对 ω 求偏导数可得：

$$\frac{\partial F}{\partial \omega_j} = -\frac{1}{n} \sum_p \left[\frac{t}{f(n)} - \frac{1-t}{1-f(n)} \right] \frac{\partial f(n)}{\partial \omega_j}$$

$$= -\frac{1}{n} \sum_p \left[\frac{t}{f(n)} - \frac{1-t}{1-f(n)} \right] \dot{f}(n) x_j$$

$$= \frac{1}{n} \sum_p \frac{\dot{f}(n) x_j}{f(n)(1-f(n))} [f(n) - t] \tag{7-26}$$

将 $\dot{f}(n) = f(n)[1-f(n)]$ 代入式（7-26）可得：

$$\frac{\partial F}{\partial \omega_j} = \frac{1}{n} \sum_p x_j [f(n) - t] = \frac{1}{n} \sum_p x_j (a - t) \tag{7-27}$$

其中 $a-t$ 为输出误差，显然输出误差越大，偏导数越大，网络权值更新越快。

同理，对 b 求偏导数可得：

$$\frac{\partial F}{\partial b} = \frac{1}{n} \sum_p (a - t) \tag{7-28}$$

显然输出误差越大，偏导数越大，网络偏置值更新越快。

同样采用图 7.11 所示网络，初始化 $\omega = 2$，$b = 2$，初始实际输出 $a = 0.98$。采用 cross-entropy 损失函数基于反向传播算法训练网络，训练过程如图 7.14 所示，横轴为训练轮数（迭代次数），竖轴为实际输出相对于目标输出的误差。显然一开始网络学习速度就很快，当迭代次数超过 150 时，误差变得很小，网络实际输出接近于 0。因此采用 cross-entropy 损失函数训练网络时，极大地提高了训练收敛的速度。

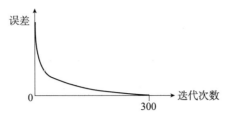

图 7.14　单层单神经元网络训练过程（采用 cross-entropy 损失函数）

对于多层多个神经元输出时，cross-entropy 损失函数为：

$$F(\boldsymbol{W},\boldsymbol{b})=-\frac{1}{n}\sum_{p}\sum_{j}\left[t_j\ln a_j+\left(1-t_j\right)\ln\left(1-a_j\right)\right]\qquad(7\text{-}29)$$

总结　cross-entropy 损失函数几乎总是比均方误差损失函数性能更好。这里注意，如果神经元的传输函数是线性函数，均方误差损失函数也能表现出较好的性能，即较快的收敛速度。

7.4.3　log-likelyhood 损失函数

实际应用中多采用 Softmax 传输函数替代 sigmoid 函数，以提高网络识别准确率。然而同时采用 cross-entropy 损失函数时，网络训练速度会有所损失，故引入另外一种 log-likelyhood（对数似然）损失函数，提升网络的学习速度。

$$F(\boldsymbol{W},\boldsymbol{b})=-\frac{1}{n}\sum_{p}\sum_{j}t_j\ln a_j\qquad(7\text{-}30)$$

学习速度快慢取决于 $\dfrac{\partial F}{\partial \omega_{jk}^{L}}$ 和 $\dfrac{\partial F}{\partial b_j^{L}}$ 的大小，求偏导数，可得：

$$\frac{\partial F}{\partial \omega_{jk}^{L}}=\frac{1}{n}\sum_{x}a_k^{L-1}\left(a_j^{L}-t_j\right)\qquad(7\text{-}31)$$

$$\frac{\partial F}{\partial b_j^{L}}=\frac{1}{n}\sum_{x}\left(a_j^{L}-t_j\right)\qquad(7\text{-}32)$$

显然与 cross-entropy 损失函数情况类似，学习速度较快。

第8章

深度学习加速技术

在实际分类和拟合应用中，为了达到较高的分类准确率和良好的拟合精度，采用的深度神经网络模型往往非常复杂，网络在训练（学习）与推理阶段都需要大量的运算。为了保证应用系统能够实时快速响应，就需要采取软件模型优化或者硬件加速技术对深度神经网络模型进行优化与加速，使得深度神经网络在保证良好的分类与拟合效果的同时，还能够实时响应。本章将重点介绍网络模型优化、计算精度降低与网络剪枝技术等软件模型优化技术，以及 GPU、TPU 与 FPGA 等硬件加速架构与技术，加强读者对深度学习模型优化与硬件加速技术理论的理解，培养读者在利用硬件加速技术进行深度学习应用加速方面的工程实践能力。

8.1 软件模型优化技术

软件模型优化技术主要是对深度学习网络模型及计算过程进行优化，在保证网络模型分类或者拟合效果的同时，减小模型运算量，提高系统响应速度。这类技术目前主要包括网络模型优化、计算精度降低及网络剪枝技术等。

8.1.1 网络模型优化

随着应用场景变得越来越复杂，深度神经网络模型也在往更宽、更深方向发展，以目标检测算法 YOLO 为例，从 YOLOv1 开始到 YOLOv5，其网络模型越来越复杂，目标检测精度则越来越高。然而在保证网络模型效果的同时，为了适应当前的数据和算力条件，需要基于人工经验去设计一些具有相似功效的轻型计算组件来替换原模型中的重型计算组件，实现对网络模型结构的优化。

CNN 基于图像的局部感知原理设计滤波卷积核计算组件来替代全连接神经网络，以局部计算和权值共享的方式实现了网络模型优化，相比于全连接神经网络，大大降低了模型参数量与计算复杂度，随后 VGGNet、GoogLeNet、SPPNet 及 ResNet 等则通过对卷积核尺寸与卷积结构进行改进，优化网络模型。VGGNet 采用连续的 3×3 的小尺寸卷积核代替 AlexNet 中的大卷积核，而且统一尺寸的卷积核在做卷积操作时更容易并行化处理；GoogLeNet 采用 Inception 结构替代单一尺寸卷积核的卷积操作，多尺寸卷积能够提取更全面的图像特征，减少图像特征损失，提升分类准确率；SPPNet 使得 Fast R-CNN 中的卷积操作不再是对每个候选区域图像单独进行，而是直接对整张原始图像进行，减少了很多重复计算，改善了整体算法执行的速度；ResNet 在级联的两个 3×3 卷积基础上加入短路机制构成残差学习单元，能够提取表达能力更强的特征信息，而且计算复杂度相比于 VGG 大大降低。另外，还可以采用卷积可分离技术等对原有卷积层操作进行优化，进一步减少运算量，提升速度。从 R-CNN 到 Fast R-CNN、Faster R-CNN，再到 YOLO 系列，本质上也是模型优化的过程，具体模型特点见前文，这里不再赘述。

8.1.2 计算精度降低

计算精度降低是指减少表征每个权重参数所需的比特位数，即压缩权重参数的数据位数，从而减小网络模型参数容量，达到加速计算的目的。有实验表明，权重参数表征精度越高，网络模型学习性能越好，分类或者拟合效果越佳，反之网络模型学习性能会下降。在实际深度学习应用中，训练时采用全浮点精度（FP32）来表征网络权值参数，这样的网络模型具备优良的学习性能，能够最大程度提取训练样本内在的规律。而在推理时，则事先通过模型量化将模型的权重参数从 FP32 转换为 INT8，采用 INT8 数据精度进行推理。由于采用定点运算比浮点运算快，所以推理速度大大提升，但从 FP32 量化为 INT8 会局部损失模型精度，而如何提高量化后的模型的准确度也成为我们面临的新问题。

除了将 FP32 量化为 INT8 的常规量化网络之外，还有一些比较特殊的量化网络，如二进制神经网络、三元权重网络、XNOR 网络。这些神经网络以更少的位数来表示权重参数，比如二进制神经网络是具有二进制权重和激活的神经网络，即网络权重参数只有 1 和 −1，这样的网络模型在推理时速度更快。

8.1.3 网络剪枝技术

网络剪枝是指对原有深度学习模型参数进行适度裁剪，压缩网络模型，达到加速网络训练与推理的目的。根据网络剪枝的方法可以分为两大类：一类是结构化剪枝，另一类是非结构化剪枝。结构化剪枝是指对网络参数矩阵做有规律的裁剪，比如按行或按列裁剪，使得裁剪后的参数矩阵仍然是一个规则的矩阵。结构化剪枝主流的方法有 Channel-level、Vector-level、Group-level、Filter-level 四种。非结构化剪枝是指将原本稠密的参数矩阵裁剪为稀疏的参数矩阵，一般矩阵大小不变，其效果类似于参数正则化。

模型剪枝的难点在于对不重要参数的定义和最优剪枝结构的搜索。目前主流的做法是训练一个大模型，然后根据参数权值的大小对大模型进行剪枝，去除不重要的参数，最后再对剪枝后的模型进行微调。但是这种方法收敛比较慢，而且最终得到的模型不一定是最优的。为了解决这个问题，同时避免每次剪枝后重新训练模型带来的大量计算开销，业界提出了Metapruning 方法，其设计了一个权值学习模型来学习不同网络结构对应的权值矩阵，用于评估模型搜索过程中产生的模型的好坏，从而解决了模型评估过程中模型参数训练的问题。

8.2 GPU 加速技术

GPU 即图形处理器，与 CPU 在片内的缓存体系、控制逻辑、数字逻辑运算单元结构等方面具有很大差异。CPU 需要很强的通用性来处理各种不同的数据类型及复杂的运算，同时又需要逻辑判断来完成大量的分支跳转和中断的处理，因此 CPU 每个核都有足够大的缓存和支持复杂运算的数字和逻辑运算单元，并辅助有很多加速分支判断甚至更复杂的逻辑判断的硬件，使得 CPU 的内部结构异常复杂。而 GPU 的核数远超 CPU，被称为众核，每个核拥有的缓存相对较小，数字和逻辑运算单元也少，而且控制逻辑相对简单，这些使得GPU 更擅长处理具有大吞吐量、运算简单且数据依赖不强、并发度高的计算任务。由于GPU 具备大规模并行计算的特点，运算速度比较快，因此已被广泛应用于深度神经网络训练和推理中。但是，由于 GPU 普遍存在功耗过大的问题，一般只用在云端训练加速的应用场景，不适用于低功耗设计的硬件加速算法。

人工神经网络的前向传播本质上是矩阵乘法运算，卷积神经网络中的卷积层计算也可以转化为矩阵乘法运算。GPU 加速神经网络最常见的模式为将矩阵乘法运算并行化与向量化，即将矩阵乘法运算展开为并行的向量运算，向量运算变为乘累加运算，将不同的向量运算（多周期的乘加运算）部署到不同的 GPU 核上并行执行。以 $3 \times 3 \times 2$ 的特征图和 $2 \times 2 \times 2 \times 2$ 的卷积核为例，首先将通道 1 和通道 2 参与卷积运算的数据按行按列展开，通道 1 数据排在通道 2 数据上面。由于每个通道都需要进行 4 次卷积运算，因此展开为 8×4 的矩阵。同理将卷积核 $\boldsymbol{W}$ 和 $\boldsymbol{G}$ 分别按行按列展开，通道 1 在前通道 2 在后展开为 1 行。由于存在两个卷积核，所以将两行展开的卷积核按行拼接为 2×8 的矩阵。最后将特征图矩阵和卷积核矩阵相乘，得到 2×4 的输出矩阵，其中每一行代表一张输出特征图。具体步骤如图 8.1 所示。

对于展开后的矩阵相乘，卷积核矩阵的每个行向量与特征图矩阵的每个列向量进行向量运算（乘累加运算），但是输入数据不同。GPU 采用单指令多线程（每个线程部署到不同的核上）进行处理，每个线程同步地在不同的数据上执行相同的指令流（乘累加运算），完成并行化计算。对于上述实例，GPU 可以同时使用 8 个线程进行并行计算，每个线程可在每个周期内并行执行一次乘加计算，多个线程独立并行执行。多线程执行流程如图 8.2 所示，8 个周期就可以完成所有运算。

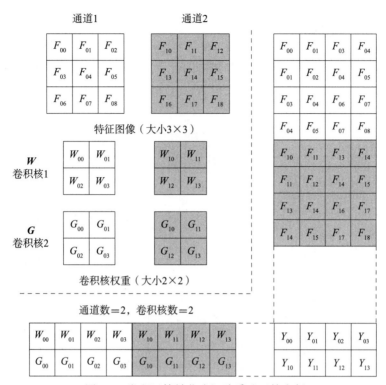

图 8.1　卷积运算转化为矩阵乘法运算实例

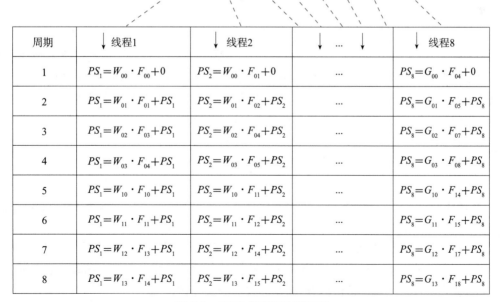

图 8.2　GPU 多线程执行流程

8.3 TPU 加速技术

TPU 是 Google 针对神经网络算法加速应用设计的一种基于脉动阵列的 AI 算法硬件加速结构。其具体结构如图 8.3 所示，主要包括脉动阵列、主结构模块、队列模块和统一缓存区等。

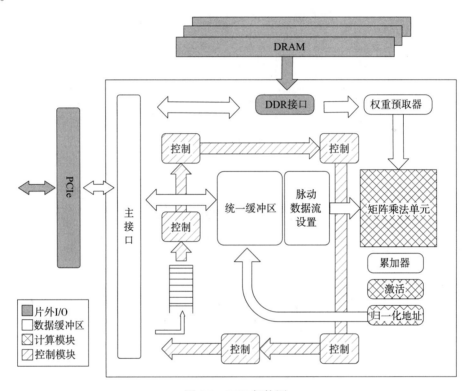

图 8.3　TPU 架构图

TPU 架构中的核心运算结构为脉动阵列，它是一个二维的滑动阵列，其中每一个节点都是一个脉动计算单元，每个单元在一个周期内完成一次乘加操作，计算单元之间通过横向或纵向的数据通路实现数据的传递。脉动阵列运算的优点如下：

❑ 结构简单、规整、模块化强、可扩充且非常适合 VLSI 实现；

❑ 脉动计算单元间数据通信距离短、规则，便于数据流和控制流的设计与同步控制等；

❑ 计算并行度高，脉动阵列中的所有单元可以同时计算，可通过流水获得很高的运算效率和吞吐率。

以 $3\times3\times2$ 的特征图和 $2\times2\times2\times2$ 的卷积核在 8×2 的脉动阵列计算为例，卷积核权值固定在脉动计算单元中，特征值横向脉动传递，中间计算结果纵向脉动传递，具体如图 8.4 所示。初始时，两个卷积核 *W* 和 *G* 的权值静态存储在脉动阵列的计算单元中，同一卷积核的权值排列在同一列，将输入特征图按列展开，每行相隔一个周期。在第一个时钟周期时，输入特征图 F_{00} 进入 W_{00} 单元，并与 W_{00} 计算得到 Y_{00} 的中间计算值。在第二个时钟周期时，F_{00} 向右脉动传递至 G_{00} 单元，计算第二张输出特征图的 Y_{10} 的第一个中间计算值。同时第二行特征图的 F_{10} 进入计算单元 W_{01} 并与其进行计算，计算结果与 W_{00} 传递的 F_{00} 中间计算结果累加获得 F_{00} 的第二个中间计算结果，另外 F_{01} 进入 W_{00} 计算 Y_{01} 的第一个中间计算结果。以此类推，输入的特征值沿着脉动阵列的行方向不断开启不同卷积核的中间计算结果，而对应着输出特征图的输出点沿着列方向不断进行乘累加。在第八个时钟周期时，第一列脉动阵列的最后一个计算单元进行 Y_{00} 的最后一个中间计算结果的乘累加，得到第一个输出特征图的第一个点。在第九个时钟周期时，第一列计算单元输出第一张输出特征图的第二个点，第二列计算单元输出第二张输出特征图的第一个点。以此类推，每个周期都输出对应输出特征图的点，直至输出所有特征图，完成脉动阵列计算卷积神经网络的流程。

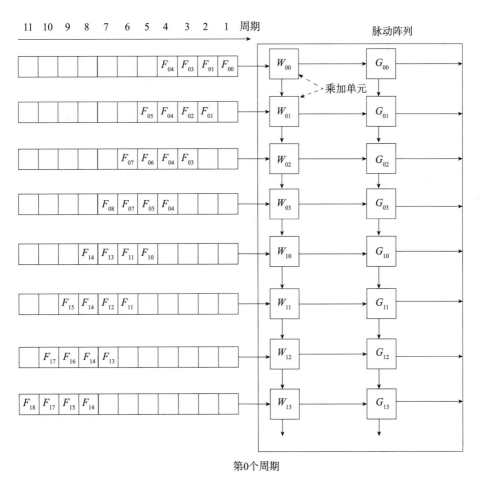

图 8.4　脉动阵列卷积神经网络计算流程

脉动阵列的行数和列数可以相等，也可以不相等。其行数与卷积核的大小相关，列数与输出通道数（卷积核个数）相关。实际中如果卷积核非常大，或者通道数非常多，采用上述方式构建的脉动阵列会过于庞大且不利于硬件实现。为解决上述问题，一般采用分割计算、末端累加等方式，即将多通道的权值数据分割成几个部分，每个部分都能够适合脉动阵列的大小，然后依次对各个部分进行计算，最终在阵列底部的累加器中计算出最终结果。

8.4 FPGA 加速技术

FPGA（Field Programmable Gate Array）是一种硬件可重构的体系结构。近年来，由于其能够提供强大的计算能力和具有足够的灵活性等特点，被微软、百度等公司大规模部署在数据中心，实现对计算密集型任务的加速。

CPU、GPU 等都是基于冯·诺依曼架构，采用指令执行方式完成具体计算任务，指令执行需要取指、译码等操作，同时每个执行单元通过共享内存方式完成数据存取。FPGA 则采取无指令、无须共享内存的架构，结构简单，执行效率高，而且同时拥有流水线并行和数据并行的优点，相比于 CPU 和 GPU，FPGA 能够提供更强的计算能力。ASIC 专用加速芯片在吞吐量、延迟和功耗等方面都表现最优，但是其研发周期长、成本高，面对复杂多变的计算任务灵活度不够，FPGA 则在计算任务变化时能够快速重新配置加速架构，适配不同类型的神经网络结构。

实际上，在利用 FPGA 对神经网络进行加速时，主要只需要考虑并行化方式与存储结构，平衡带宽和算力之间的关系，使得加速性能总体最优。

8.4.1 全连接神经网络加速

全连接神经网络每层运算都包括矩阵乘法运算与激活操作，其中矩阵乘法消耗的运算资源最多，因此，如何优化这种运算是 FPGA 实现加速的关键。具体而言，就是需要将矩阵乘法运算在 FPGA 上实现并行化操作。最简单的方式就是将矩阵乘法运算转化为向量点乘运算，通过并行化向量点乘运算实现矩阵乘法加速，但是这种方法数据复用率低，数据存取延迟较大。这里再给出另外两种矩阵乘法的并行化操作。

1. 小矩阵 × 小矩阵

将矩阵乘法运算转化为小矩阵 × 小矩阵的并行运算，具体过程如图 8.5 所示。A 每次获得 $n \times m$ 块数据，与 B 的 $m \times v$ 块数据相乘，然后 A 向右移动 $n \times m$ 块，B 向下移动 $m \times v$ 块，再次相乘并且和之前的结果累加，当 A 移动到右端，B 同时移动到底端，完成 C 中 $n \times v$ 块矩阵运算。A 中数据复用 v 次。

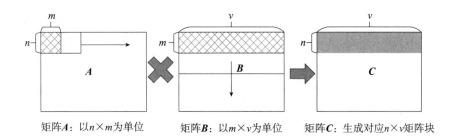

矩阵A：以$n \times m$为单位　　　矩阵B：以$m \times v$为单位　　　矩阵C：生成对应$n \times v$矩阵块

图 8.5　小矩阵 × 小矩阵的并行运算

2. 列向量 × 行向量

将矩阵乘法运算转化为列向量 × 行向量的并行运算，具体过程如图 8.6 所示。A 每次获得 $n \times 1$ 列向量，B 获得 $1 \times n$ 行向量，二者进行叉乘，得到 $n \times n$ 矩阵数据，然后 A 向右移动，同时 B 向下移动，二者叉乘结果和上一次进行累加，最后当 A 移动到右端，B 移动到底端，得到一个 $n \times n$ 大小的 C 矩阵块。A 中数据复用 n 次。

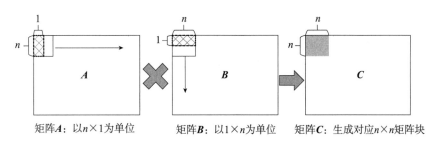

矩阵A：以$n \times 1$为单位　　　矩阵B：以$1 \times n$为单位　　　矩阵C：生成对应$n \times n$矩阵块

图 8.6　列向量 × 行向量的并行运算

8.4.2　卷积神经网络加速

卷积神经网络每层运算都包括卷积运算、矩阵加法与激活操作，其中卷积运算消耗的运算资源最多，因此优化卷积运算是 FPGA 对卷积神经网络实现加速的关键。具体而言，就是需要将每层的多个卷积操作在 FPGA 上实现并行化。FPGA 上部署多个 kernel，每个 kernel 均实现单一卷积操作。这里取卷积神经网络的一层运算为例，假设该层输入为 4 张特征图，采用 4 个不同的卷积核实现卷积操作，其在 FPGA 上的并行化操作具体过程如图 8.7 所示。每个卷积核分别与 4 张特征图完成卷积操作，16 组卷积运算部署在 16 个运算 kernel 上并行执行，16 个 kernel 又分成 4 组，每个卷积核卷积生成的 4 个特征图矩阵送入该组加法树实现矩阵加法操作，生成该层的 1 张输出特征图，4 组矩阵加法操作也是并行的。当然，如果卷积核过大、过多或者输入特征图过大、过多，并行运算 kernel 的大小与数量都会受到限制，于是就需要采用 kernel 复用及 kernel 分解等技术进一步优化加速方案设计。

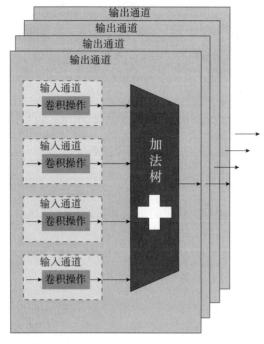

图 8.7　卷积运算的 FPGA 并行化操作

応用篇

第 9 章

基于 OpenCL 的 FPGA 异构并行计算技术

深度学习网络可以部署到 GPU、TPU 与 FPGA 等硬件上实现异构加速，其本质是对网络模型进行大规模并行化运算，提升网络应用响应速度。然而在实际应用中，深度学习网络模型在硬件上并行化部署过程复杂，对开发者的设计能力要求很高，很难快速实现复杂网络的异构并行计算加速。OpenCL 是一种简单高效的跨平台异构并行计算加速技术，能够帮助开发者快速完成复杂计算任务的异构并行计算部署。本章将重点介绍 OpenCL 技术基础与平台环境搭建、OpenCL 异构并行计算架构、OpenCL 语言基本语法与程序设计以及基于 OpenCL 的 FPGA 异构并行计算实现方法等内容，要求读者掌握 OpenCL 异构并行计算技术理论，培养读者在利用 OpenCL 实现复杂计算任务的 FPGA 异构并行计算加速方面的工程实践能力。

9.1 OpenCL 技术基础与环境搭建

9.1.1 OpenCL 技术基础

近些年以深度学习为代表的人工智能技术得到快速发展，并广泛应用于机器视觉、语音识别及自然语言处理等人工智能领域，有效提升了机器的智能化水平。深度学习算法与技术对系统的计算性能（算力）的需求越来越高，已经远远超过了 CPU 等传统处理器所能提供的上限。CPU 处理器更注重的是控制，难以承载大量的并行计算。而 GPU、TPU 与 FPGA 等异构芯片与 CPU 不同，这些芯片拥有更多的计算核心，非常适合大量数据的高速并行计算，其控制逻辑相对较弱。因此，采用 CPU 进行控制，GPU、TPU 与 FPGA 等异构芯片进行计算，就成为一种提高计算性能的机器架构，我们称以此架构搭建的系统为异构计算系统。异构计算系统将 CPU 从繁重的计算工作当中解放出来，集中到控制层面，其他的异构芯片接替了简单但是繁重的计算工作，发挥出自身的并行性优势，从整体上提高系统的计算和处理能力。异构计算已成为深度学习等复杂计算场景的最佳架构选择。

深度学习网络模型通过在 GPU、TPU 与 FPGA 等异构芯片上进行部署，完成模型复杂的并行运算，可以提升网络响应速度。然而网络模型在 GPU、TPU 与 FPGA 等异构芯片上并行化部署的过程比较复杂，对开发者的设计能力要求很高，很难快速实现复杂网络的异构并行计算加速，因此急需一种简单高效的异构并行计算部署框架技术。CUDA 是 NVIDIA 公司基于 GPU 实现的高性能异构并行计算框架技术，在图形图像以及人工智能领域已成为业界翘楚。但是 CUDA 是 NVIDIA 公司的商业产品，并且严格和其 GPU 系列产品进行了深度绑定，无法适用于其他设备。微软的 C++ AMP 以及 Google 的 Render Script 也都是针对各自的产品做的方案。显然每个厂商对异构计算都有不同的解决方案或者整合框架，不具备普适性。OpenCL 全称 Open Computing Language，即开放计算语言，是一套跨平台的异构并行计算框架技术，它最初由苹果公司设计，后续由 Khronos Group 维护，覆盖了 CPU、GPU、FPGA 以及其他多种处理器芯片，支持 Windows、Linux 以及 MacOS 等主流平台。OpenCL 能够帮助开发者快速完成复杂计算任务的异构并行计算部署。

OpenCL 框架技术具备以下特点：

- ❏ **高性能**。OpenCL 是一个底层的 API，能够很好地映射到更底层的硬件上，充分发挥硬件的并行性，获得更好的性能。
- ❏ **适用性强**。抽象了当前主流的不同异构并行计算硬件架构的共性，又兼顾了不同硬件的特点。
- ❏ **开放开源**。开发和维护均已开源，不会被一家厂商控制，能够获得最广泛的硬件支持。
- ❏ **支持范围广**。从 CPU、GPU 到 FPGA 等芯片，从 NVIDIA 到 Intel 等不同厂商，都对 OpenCL 进行了支持。

9.1.2　OpenCL 环境搭建

本书选用以 Intel Cyclone V FPGA 为核心的 Terasic Starter Platform（TSP）作为 OpenCL 的开发设备。本小节主要讲述在 Linux OS 下安装支持 FPGA 的 OpenCL 开发环境的具体过程，以及如何在 TSP 上编译与测试 OpenCL 案例，更多关于 Intel OpenCL 的细节请参考文档 https://www.altera.com/en_US/pdfs/literature/hb/opencl-sdk/aocl_getting_started.pdf。

1. 软件安装

这里安装 Quartus Prime Standard Edition 17.1 软件和 Intel FPGA OpenCL SDK 工具，

安装源文件请从 http://dl.altera.com/opencl/17.1/?edition＝standard 网站下载。在 Quartus Prime 的安装过程中，请确保 Cyclone V 系列器件被选中。下载 OpenCL SDK 时请在链接内按图 9.1 所示进行选择操作。

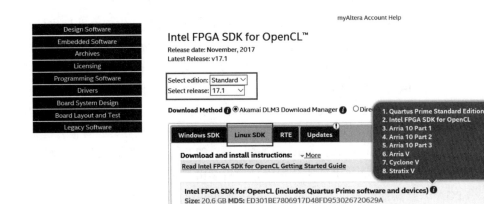

图 9.1　Intel FPGA OpenCL SDK 下载操作

软件安装完成后，首先在命令行终端输入 sudo su 命令切换至超级用户 root，然后输入 gedit /etc/udev/rules.d/51-usbblaster.rules 命令打开文件，增加以下内容至文件，配置 Quartus Prime 下载所需的 USB-Blaster II 端口驱动。

```
# USB-Blaster
ENV{ID_BUS}=="usb" EWNV{ID_VENDOR_ID}=="09fb", ENV{ID_MODEL_ID}=="6001", MODE="0666"
ENV{ID_BUS}=="usb" ENV{ID_VENDOR_ID}=="09fb", ENV{ID_MODEL_ID}=="6002", MODE="0666"
ENV{ID_BUS}=="usb" ENV{ID_VENDOR_ID}=="09fb", ENV{ID_MODEL_ID}=="6003", MODE="0666"
# USB-Blaster II
ENV{ID_BUS}=="usb" ENV{ID_VENDOR_ID}=="09fb", ENV{ID_MODEL_ID}=="6010", MODE="0666"
ENV{ID_BUS}=="usb" ENV{ID_VENDOR_ID}=="09fb", ENV{ID_MODEL_ID}=="6810", MODE="0666"
```

另外，这里需要安装 gcc 与 make 等 GNU 开发工具集，而且 gcc 版本要求为 gcc-4.8.0 及更高版本，用户可以通过输入 yum install gcc compat-gcc-c＋＋ make 命令下载和安装 gcc 工具以及相关插件。

最后，通过链接 http://tsp.terasic.com/cd 下载 TSP_OpenCL_BSP_17.1.tar.gz 压缩包，

并解压缩至 /root/intelFPGA/17.1/hld/board/tsp 目录下，这里默认 Quartus Prime 和 Intel FPGA OpenCL SDK 的安装路径为 /root/intelFPGA /17.1。

2. 环境配置

Quartus Prime 和 Intel FPGA OpenCL SDK 安装完成后，需要在 .cshrc 或 Bash 源文件里配置环境变量与路径，后续的执行指令才可以找到。具体增加配置内容如下：

```
export QUARTUS_ROOTDIR=/root/intelFPGA/17.1/quartus

export INTELFPGAOCLSDKROOT=/root/ intelFPGA/17.1/hld

export AOCL_BOARD_PACKAGE_ROOT=/root/intelFPGA/17.1/hld/board/tsp

export PATH=$PATH:$INTELFPGAOCLSDKROOT/linux64/bin:$INTELFPGAOCLSDKROOT/bin:

$INTELFPGAOCLSDKROOT/host/linux64/bin:$QUARTUS_ROOTDIR/bin

export LD_LIBRARY_PATH=$AOCL_BOARD_PACKAGE_ROOT/tests/extlibs/lib:

$INTELFPGAOCLSDKROOT/host/linux64/lib:$AOCL_BOARD_PACKAGE_ROOT/linux64/lib

export CL_CONTEXT_COMPILER_MODE_INTELFPGA=3

export QUARTUS_64BIT=1

export LM_LICENSE_FILE=/root/intelFPGA/17.1/hld/license.dat
```

3. OpenCL 环境验证

通过 OpenCL 环境验证来确保 OpenCL 开发环境安装配置正确。首先，在 Linux 命令行终端下，输入 aocl version 命令，显示已安装的 OpenCL SDK 版本信息，如图 9.2 所示。

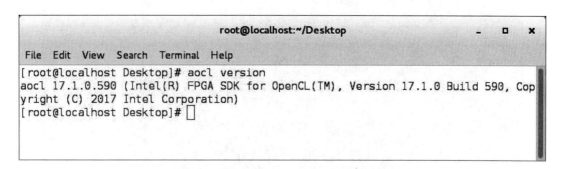

图 9.2 显示 OpenCL SDK 版本信息

然后，输入 aoc -list-boards 命令，输出 Board list 信息，确保 tsp 已包含在板卡列表内，如图 9.3 所示。

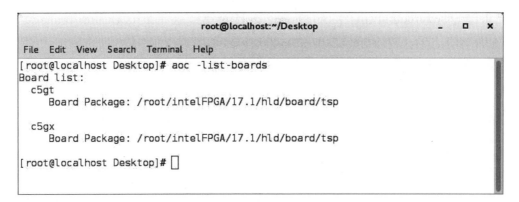

图 9.3　显示 Board list 信息

4.初始化 FPGA 板卡

首先安装 FPGA 开发板卡，步骤如下：

（1）将 PC 主机关机。

（2）安装 Starter Platform 开发板卡到 PC 的 PCIe X4/X8/X16 插槽，如图 9.4 所示。

（3）如果需要，给 Starter Platform 开发板卡接通 DC 12V 电源。

（4）连接 USB Blaster II 数据线到 Starter Platform 开发板卡的 USB 接口。

图 9.4　FPGA 板卡安装实物图

　　然后对 FPGA 开发板卡进行配置，通过 flash utility 配置 FPGA 板卡上电时的原始 image。具体步骤如下：

（1）输入 cd /root/intelFPGA/17.1/hld/board/tsp/bringup/<board name>命令切换至板卡启动目录。

（2）输入 aocl flash acl0 hello_world.aocx 命令将 hello_world.aocx 烧录至 TSP 板卡启动配置 flash，这个过程需要持续几分钟，如图 9.5 所示。

图 9.5　烧录 hello_world.aocx 至 TSP 板卡

（3）烧录成功后，用户需要重启 PC 和 TSP 板卡。

最后安装板卡驱动。通过 install utility 在主机上安装 FPGA 板卡的 OpenCL 驱动，一旦驱动安装成功，系统重启时板卡都会自动加载该驱动。具体步骤如下：

（1）输入 lspci | grep Altera 命令检查是否可以通过 PCIe 连接到 TSP 板卡，如图 9.6 所示。如果不行，请重新安装 PCIe 驱动程序。

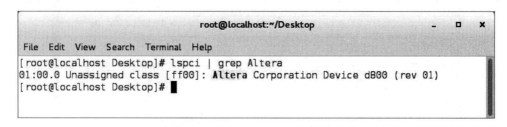

图 9.6　检查是否可以通过 PCIe 连接 TSP 板卡

（2）输入 aocl install 命令安装 FPGA 板卡驱动，如图 9.7 所示。

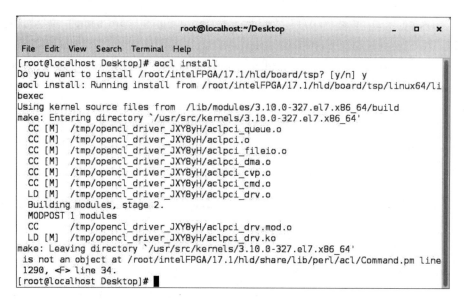

图 9.7　安装 FPGA 板卡驱动

5. OpenCL 运行验证

通过 OpenCL 运行验证来确保 OpenCL 运行环境安装正确。在 Linux 命令行终端下，首先输入 aocl diagnose 命令验证板卡驱动是否安装成功，然后返回主机上安装的所有 OpenCL 设备的信息，成功后显示 DIAGNOSTIC_PASSED，如图 9.8 所示。

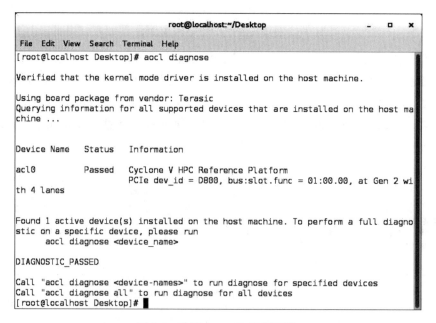

图 9.8　验证 OpenCL 运行环境

6. OpenCL 工程编译与测试

首先，输入 cd /root/intelFPGA/17.1/hld/board/tsp/tests/vector_add 命令切换至 vector_add 目录。

然后，输入 aoc device/vector_add.cl -o bin/vector_add.aocx -board=c5gt -v 命令去编译 OpenCL 内核程序，内核源程序为 vector_add.cl，编译结果为 vector_add.aocx，这个过程需要持续几分钟，如图 9.9 所示。

```
root@localhost:~/intelFPGA/17.1/hld/board/tsp/tests/vector_add
File  Edit  View  Search  Terminal  Help
[root@localhost vector_add]# aoc device/vector_add.cl -o bin/vector_add.aocx -bo
ard=c5gt -v
aoc: Environment checks are completed successfully.
aoc: If necessary for the compile, your BAK files will be cached here: /var/tmp/
aocl/root
You are now compiling the full flow!!
aoc: Selected target board c5gt
aoc: Running OpenCL parser....
/root/intelFPGA/17.1/hld/board/tsp/tests/vector_add/device/vector_add.cl:23:48:
warning: declaring kernel argument with no 'restrict' may lead to low kernel per
formance
__kernel void vector_add(__global const float *x,
                                               ^
/root/intelFPGA/17.1/hld/board/tsp/tests/vector_add/device/vector_add.cl:24:48:
warning: declaring kernel argument with no 'restrict' may lead to low kernel per
formance
                        __global const float *y,
                                               ^

2 warnings generated.
aoc: OpenCL parser completed successfully.
aoc: Optimizing and doing static analysis of code...
aoc: Linking with IP library ...
Checking if memory usage is larger than 100%
aoc: First stage compilation completed successfully.
Compiling for FPGA. This process may take a long time, please be patient.
```

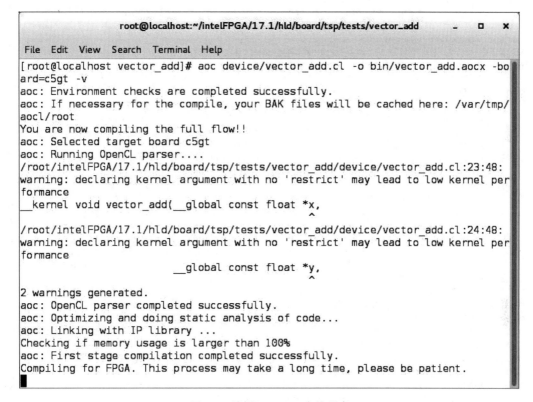

图 9.9　编译 OpenCL 内核程序

在 vector_add 目录下，输入 make 命令去编译主程序，如图 9.10 所示。

```
root@localhost:~/intelFPGA/17.1/hld/board/tsp/tests/vector_add
File  Edit  View  Search  Terminal  Help
[root@localhost vector_add]# make
[root@localhost vector_add]#
```

图 9.10　编译主程序

接下来，输入 cd /root/intelFPGA/17.1/hld/board/tsp/tests/vector_add/bin 命令切换至 bin 目录；然后输入 aocl program acl0 vector_add.aocx 烧录内核程序比特流至 FPGA 板卡，如图 9.11 所示。

```
root@localhost:~/intelFPGA/17.1/hld/board/tsp/tests/vector_add/bin    _  □  ✗

File  Edit  View  Search  Terminal  Help

[root@localhost bin]# aocl program acl0 vector_add.aocx
aocl program: Running program from /root/intelFPGA/17.1/hld/board/tsp/linux64/li
bexec
Start to program the device acl0 ...
MMD INFO : [acl0] failed to program the device through CvP.
MMD INFO : executing "quartus_pgm -c 1 -m jtag -o "P;reprogram_temp.sof@1""
Info: ********************************************************************
Info: Running Quartus Prime Programmer
    Info: Version 17.1.0 Build 590 10/25/2017 SJ Standard Edition
    Info: Copyright (C) 2017  Intel Corporation. All rights reserved.
    Info: Your use of Intel Corporation's design tools, logic functions
    Info: and other software and tools, and its AMPP partner logic
    Info: functions, and any output files from any of the foregoing
    Info: (including device programming or simulation files), and any
    Info: associated documentation or information are expressly subject
    Info: to the terms and conditions of the Intel Program License
    Info: Subscription Agreement, the Intel Quartus Prime License Agreement,
    Info: the Intel FPGA IP License Agreement, or other applicable license
    Info: agreement, including, without limitation, that your use is for
    Info: the sole purpose of programming logic devices manufactured by
    Info: Intel and sold by Intel or its authorized distributors.  Please
    Info: refer to the applicable agreement for further details.
    Info: Processing started: Mon Apr 20 16:39:46 2020
Info: Command: quartus_pgm -c 1 -m jtag -o P;reprogram_temp.sof@1
Info (213045): Using programming cable "C5P [1-3]"
Info (213011): Using programming file reprogram_temp.sof with checksum 0x070BD41
D for device 5CGTFD9D5F27@1
Info (209060): Started Programmer operation at Mon Apr 20 16:39:48 2020
Info (209016): Configuring device index 1
Info (209017): Device 1 contains JTAG ID code 0x02B040DD
Info (209007): Configuration succeeded -- 1 device(s) configured
Info (209011): Successfully performed operation(s)
Info (209061): Ended Programmer operation at Mon Apr 20 16:39:53 2020
Info: Quartus Prime Programmer was successful. 0 errors, 0 warnings
    Info: Peak virtual memory: 487 megabytes
    Info: Processing ended: Mon Apr 20 16:39:53 2020
    Info: Elapsed time: 00:00:07
    Info: Total CPU time (on all processors): 00:00:02
Program succeed.
[root@localhost bin]# ▮
```

图 9.11　烧录内核程序至 FPGA 板卡

最后，输入 ./host 执行主程序完成向量加法运算测试，如图 9.12 所示。

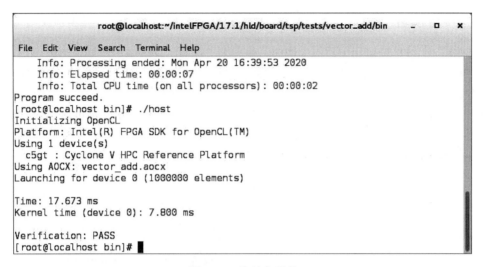

图 9.12　执行主程序

9.2　OpenCL 异构并行计算架构

　　OpenCL 异构并行计算架构如图 9.13 所示。这里以 FPGA 为例，其他异构芯片结构雷同。CPU（主机端）与异构芯片（设备端）由上下文连接，OpenCL 程序分为主程序（主机端）和内核程序（设备端），主机和设备之间可以通过一定的机制进行内存的相互访问，要执行的指令通过命令队列发送到 OpenCL 设备进行执行。为了帮助读者全面理解 OpenCL 的结构和执行流程，接下来将 OpenCL 框架划分为平台模型、执行模型和内存模型等三种模型进行描述。

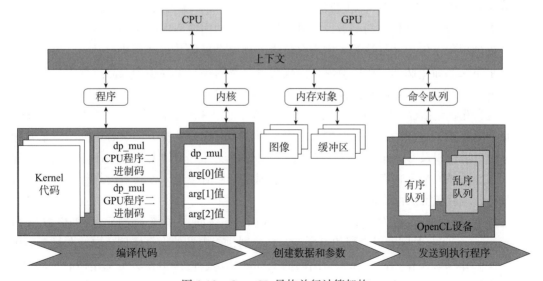

图 9.13　OpenCL 异构并行计算架构

9.2.1   平台模型

OpenCL 平台模型由一个主机（Host）和若干个设备（Device）组成，主机为包含 X86 或者 ARM 处理器的计算平台，设备可以是 CPU、GPU、DSP、FPGA 等异构平台，其详细结构如图 9.14 所示。这种多种处理器混合的结构称为异构并行计算平台。每个设备中又包含了一个或者多个计算单元（Computing Unit, CU），每个计算单元中可以包括若干个处理单元（Processing Element, PE），处理单元是设备上执行数据计算的最小单元。内核程序（Kernel）最终就在各个 PE 上并行运行。

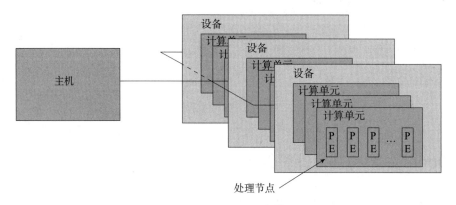

图 9.14   OpenCL 平台模型

9.2.2   执行模型

执行模型是定义 OpenCL 异构并行计算执行过程的模型，包括主机端和设备端两个部分。OpenCL 程序包含主程序（主机端）和内核程序（设备端），内核程序是需要在硬件上并行部署完成复杂计算任务的函数，主机端将编译后的内核程序提交到设备端，再部署到不同的处理单元上实现并行计算。主程序负责管理整个异构并行计算执行过程，主程序设计包括上下文、命令队列、程序对象、内核对象以及内存对象等多个概念。其中，上下文负责关联主机与 OpenCL 设备，管理程序对象、内核对象和内存对象；命令队列提供主机和设备的交互，包括程序内核的入队、存储器入队、主机和设备间的同步、内核的执行等。

模型具体执行过程为：首先将内核程序部署到 OpenCL 设备上，然后主机端搜索并选择 OpenCL 平台以及 OpenCL 设备，接着创建主机和设备通信的上下文和命令队列，创建程序对象、内核对象和内存对象，然后命令队列将内核对象送入设备进行执行，完成并行计算任务，最后获得执行结果并清理环境。

主机通过命令队列发送命令到设备上执行内核时，系统会创建一个整数索引（NDRange）空间，对应索引空间的每个点，将分别执行内核的一个实例。内核的每个实例称为一个工作项，工作项由它在索引空间的坐标来标识，这些坐标就是工作项的全局 ID。多个工作项组成一个工作组，工作项在工作组当中也存在一个 ID，称为局部 ID，工作组

ID 和局部 ID 可以唯一确定一个工作项的全局 ID。

　　假设一个二维的 NDRange 空间由 12×12(G_x, G_y) 个工作项组成，空间被划分成了 3×3(W_x, W_y) 个工作组，每个工作组由 4×4(L_x, L_y) 个工作项组成，具体结构如图 9.15 所示。那么，现在在工作组 (1, 1) 项当中，局部坐标为 (2, 1) 的工作项的全局 ID 为 (6, 5)，其计算公式如式（9-1）和式（9-2）所示。

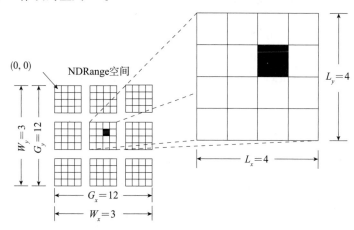

图 9.15　二维 12×12 的 NDRange 空间

$$G_x = W_x \times 4 + L_x \qquad\qquad (9\text{-}1)$$
$$G_y = W_y \times 4 + L_y \qquad\qquad (9\text{-}2)$$

　　NDRange 空间会影响到每个计算单元，影响内核的执行效率。

9.2.3　内存模型

　　内存模型表示的是 OpenCL 的执行过程中设备和主机之间的内存交互。内存模型主要定义了宿主机内存、全局内存、常量内存、局部内存与私有内存五种不同的内存区域。其中宿主机内存仅对宿主机可见，全局内存允许所有工作组当中的所有工作项读写，

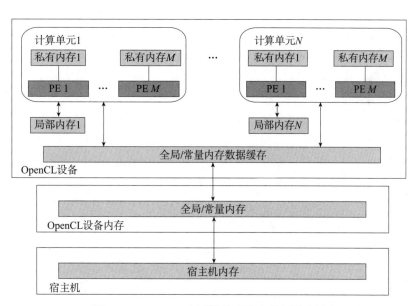

图 9.16　OpenCL 中不同类型的内存区域表示

常量内存在执行一个内核期间保持不变，对于工作项是只读的内存区域，局部内存仅对局部工作组（计算单元）可见，私有内存是单独工作项（处理单元）的私有区域，对于其他工作项不可见。这些内存区域的具体表示如图 9.16 所示。

9.3 OpenCL C 语言基本语法与程序设计

OpenCL C 语言是基于 C99 标准扩展规范构建的一门编程语言，主要用于编写 OpenCL
内核程序。OpenCL C 语言的语法结构和 C 语言相似，支持标准 C 的所有关键字和大部分
的语法结构，同时也扩展了很多关键字和保留字，因此 OpenCL C 代码同 C 语言代码不完
全一致。

9.3.1 基本语法与关键字

一段简单的 OpenCL C 代码如下：

```
__kernel void adder(__global float * a,
        __global float * b, __global float * result)
{
        int tid = get_global_id(0);
        result[tid] = a[tid] + b[tid];
}
```

1. 地址空间修饰符

执行一个内核的工作项可以访问 4 种类型的内存区域，内存区域类型通过类型限定符
关键字指定。类型限定符包括 __global 或者 global（全局）、__local 或者 local（本地）、
__constant 或者 constant（常量）、__private 或者 private（私有）。如果内核函数的参数声明
为指针，则这样的参数只能指向 __global、__local 以及 __constant 这 3 种内存空间。

全局地址空间（__global 或者 global）表示从全局内存分配的内存对象，使用该标识符
修饰的内存区，允许读写一个内核的所有工作组的所有工作项。全局地址空间的内存对象
可以声明为一个标量、向量或者用户自定义结构的指针，可以作为函数参数，以及函数内
声明的变量。但是，需要注意的是，如果全局地址空间只能在函数内部使用，那么函数内
部不能从全局地址空间当中申请内存。

```
__kernel void my_kernel(__global float * a, __global float * res)
{
        global float *p;        // 合法
        global float num;       // 非法
}
```

常量地址空间（__constant 或者 constant）和 C 语言的常量类型（const）类似，可以用
于修饰函数参数，也可以直接申请和分配，下面是常量地址空间的简单使用。

```
__kernel void my_kernel(__constant float * a, __global float * res)
{
```

```
        __constant float *p =  a;        // 合法
        __constant float b;              // 非法
        __constant float r = 9.0;        // 合法
}
```

局部地址空间（ __local 或者 local ），即在局部内存当中分配的变量。这些变量由执行内核的工作组内部的所有工作项共享。通常而言，读取局部内存的方式比读取全局内存的方式要快，因此，在 OpenCL 性能优化时，经常会使用局部地址空间对代码进行一些优化。局部地址空间可以作为函数的参数以及函数内部的变量声明，但是，变量声明必须在内核函数的作用域当中，声明的变量不能直接初始化。下面是局部变量的简单实用示例。

```
__kernel void my_kernel( __local float * a, __global float * res)
{
        __local float c =  1.0;            // 非法，不能直接初始化
        __local float b;                   // 合法
        b = 9.0;
}
```

私有地址空间（ __private 或者 private ）是某一个工作项私有的变量，这些变量不能在任何工作项或者工作组之间共享。

2. 访问限定符

除了以上的地址空间关键字之外，OpenCL C 语言还扩展了访问限制符，用于限制对参数的不同操作。OpenCL C 的访问限定符分为 __read_only 或者 read_only（只读限制）、__write_only 或者 write_only（只写限制）与 __read_write 或者 read_write（可读可写）3 种类型，这些修饰符通常用于图像类型的参数。

9.3.2　数据类型

OpenCL C 和标准的 C 语言相比，扩展了常用的数据类型和数据结构。除了支持 C 标准的数据类型和数据结构之外，OpenCL C 语言还支持更多的数据类型。OpenCL 的数据类型总体上支持两大类：标量数据类型和向量数据类型。

1. 标量数据类型

标量数据类型就是普通的 C 标准数据类型，包括常用的 int、float 等数据类型。C 标准当中的用户自定义数据结构也属于标量数据类型。只是需要注意，C 标准中整数（int）和浮点数（float/double）的长度会随着平台的不同而有变化，而在 OpenCL C 语言当中，整数和浮点数的位数是固定的，并没有因为选用的 OpenCL 设备不同而有区别。

除了支持 C 标准的数据类型之外，OpenCL C 还自定义了更多的标量数据类型，总结如表 9.1 所示。

表 9.1　OpenCL C 自定义标量数据类型

类型名称	类型说明
half	16 位长度的浮点数。必须符合 IEEE 754-2008 半精度存储格式
ptrdiff_t	有符号整数类型，表示 2 个指针相减的结果类型
intptr_t	有符号整数类型，任何指向 void 的合法指针均可以转换为该类型
uintptr_t	无符号整数类型，任何指向 void 的合法指针均可以转换为该类型

2. 向量数据类型

与 C 语言不同，OpenCL C 语言还支持向量数据类型。向量数据类型是指多个标量类型的组合，即类似 char$n$、uchar$n$ 的数据类型。例如向量数据类型 char8，表示该类型一次性定义了 8 个 char 类型数据。合法的 OpenCL C 内置向量数据类型总结如表 9.2 所示。

表 9.2　OpenCL C 内置向量数据类型

在 OpenCL C 语言中定义类型	类型说明	面向应用 API 类型
char$n$	包含 n 个 char 类型数据	cl_char$n$
uchar$n$	包含 n 个 uchar 类型数据	cl_uchar$n$
short$n$	包含 n 个 short 类型数据	cl_short$n$
ushort$n$	包含 n 个 ushort 类型数据	cl_ushort$n$
int$n$	包含 n 个 int 类型数据	cl_int$n$
uint$n$	包含 n 个 uint 类型数据	cl_uint$n$
long$n$	包含 n 个 long 类型数据	cl_long$n$
ulong$n$	包含 n 个 ulong 类型数据	cl_ulong$n$
float$n$	包含 n 个 float 类型数据	cl_float$n$

在 OpenCL C 语言当中，向量数据类型是用来优化 OpenCL 性能的非常有效的手段。假设一个 OpenCL 设备一次可以处理最大 256 位的数据，也就是说，在一条指令上可以同时处理 8 个 float（4 字节）的数据，相比于标量 float 数据处理速度提升了 8 倍。一般来说，每家厂商的 OpenCL 设备都对向量数据类型的最优宽度做了规定。关于 OpenCL 设备支持的最优向量数据类型宽度，可以通过查询 OpenCL 设备的属性信息获得。

向量数据的初始化可以采取多种方式：直接使用标量数据；直接使用向量数据；混合使用标量数据和向量数据。假设有一个向量数据 float4，则其初始化的方式可以如下：

```
float2 f2 = (float2)(5,6);
float2 f3 = (float2)(7,8);
float4 f4_1 = (float4)(1,2,3,4);
```

```
float4 f4_2 = (float4)(f2, f3);
float4 f4_3 = (float4)(9); // 表示向量数据 f4_3 全部由数据 9 进行填充
float4 f4_4 = (float4)(1, 2, f2);
float4 f4_5 = (float4)(f3, 10, 11);
float4 f4_6 = (float4)(13, f3, 20);
```

在实际使用中，还需要使用向量数据、修改向量数据或者对向量数据进行读取。针对向量数据的访问方式，OpenCL C 语言提供了包括数值索引、字母索引与特殊索引等三种索引方式。

1）数值索引

数值索引方式与访问 C 语言的数组类似，通过数字索引获得向量数据的分量。在使用数值索引的时候，所有的数值索引前必须添加 s 或者 S，具体示例如下：

```
char16 msg = (char16)('a', 'b', 'c', 'd', 'e', 'f', 'g',
    'h', 'i', 'j', 'k', 'l', 'm', 'n', 'o', 'p')
// msg.s0 表示 msg 的 a
// msg.sa 表示 msg 的 k，即第 11 位数据
// msg.se 表示 msg 的 o，即第 15 位数据
char8 e = msg.s23456789; // 表示访问 msg 的第 3 位到第 10 位的数据，即 e=cdefghij
```

2）字母索引

字母索引和数值索引的方式类似，区别在于字母索引使用 x、y、z、w 分别表示分量的第 1、2、3、4 个数据，具体示例如下：

```
char a = msg.y; // a 的值为 msg 当中的 b
char4 b = msg.xyzw; // b 的值为 abcd
char4 c = msg.zwyx; // c 的值为 cdba
```

需要注意的是，字母索引最多只能表示 4 个分量，无法表示更多的分量。数值索引和字母索引方式也不能同时混用。

3）特殊索引方式

特殊索引方式可以分为访问向量的高半部分、低半部分、偶数部分和奇数部分。

```
char8 hi = msg.hi; // msg 的高半部分，表示 9~16 位数据
char8 low = msg.lo; // msg 的低半部分，表示 1~8 位数据
char8 odd = msg.odd; // msg 的偶数部分
char8 even = msg.even; // msg 的奇数部分
```

除了使用索引方式对向量数据进行访问之外，还可以直接使用索引对向量数据进行修改，具体示例如下：

```
msg.s6 = 'z';
msg.y = 'q';
```

向量数据支持标准的四则运算，也支持比较运算，同样支持三目运算符。具体使用示例如下。

```
float8 v8 = (float8)(1,2,3,4,5,6,7,8)
float4 v4_high = v8.hi;
float4 v4_low = v8.lo;
float4 v4_sum = v4_high + v4_low; // 相当于(1+5, 2+6, 3+7, 4+8)
float4 v4_mul = v4_high * v4_low;  // 相当于(1×5, 2×6, 3×7, 4×8)
float4 v4_mul_2 = v4_high * 3;     // 相当于(5×3, 6×3, 7×3, 8×3)
float4 res = (v4_high > v4_low) ? v4_high:v4_low; // 相当于下面的代码
/*
    res.x = (v4_high.x > v4_low.x) ? v4_high.x:v4_low.x;
    res.y = (v4_high.y > v4_low.y) ? v4_high.y:v4_low.y;
    res.z = (v4_high.z > v4_low.z) ? v4_high.z:v4_low.z;
    res.w = (v4_high.w > v4_low.w) ? v4_high.w:v4_low.w;
*/
```

9.3.3 维度与工作项

主机通过命令队列发送命令到设备上执行内核时，系统会创建一个整数索引空间（NDRange），对应索引空间的每个点将分别在 OpenCL 设备上执行内核的一个实例，这个执行内核的实例称为工作项。整数索引空间中每个点的坐标 ID 由维度来描述，比如二维索引空间中每个点的坐标 ID 由一个二维向量表示。另外，索引空间中的工作项也可以被划分成多个工作组。

工作项数量、工作组大小与索引空间维度都可以通过在调用 clEnqueueNDRangeKernel 函数时设置。工作项是 OpenCL 执行具体内核任务的最小单元，每个工作项有独立的 ID 编号，执行相同的代码。为了明确获得工作项以及工作组等这些参数，OpenCL C 库中提供了一系列的内置函数完成这些操作，内置函数总结如表 9.3 所示。

表 9.3　OpenCL C 内置函数

函数名称	函数说明
get_work_dim	获得工作维度
get_global_size	获取全局大小
get_global_id	获取全局 ID
get_local_size	获取工作组大小
get_local_id	获取局部 ID
get_num_groups	获取工作组数量
get_group_id	获取工作组 ID

除了这些与工作维度和工作项相关的内置函数之外，由于 OpenCL C 面对的是大数据量和高并行的计算，OpenCL C 还提供了大量的与数学计算相关的常量和内置函数，这些内容请直接参考 OpenCL1.0 的标准，文档下载链接为：https://www.khronos.org/registry/OpenCL/sdk/1.0/docs/man/xhtml/。

9.3.4　其他注意事项

除了前面介绍的之外，OpenCL C 还有以下注意事项：

- ❑ OpenCL 应用分为主程序（主机端）和内核程序（设备端）两部分，主机端的代码可以使用 C/C++或者其他支持的语言编写，但是设备端的代码只能使用 OpenCL C 编写；
- ❑ 用 OpenCL C 编写的内核函数必须以 __kernel 或者 kernel 作为前置修饰符；
- ❑ 内核函数参数不能使用指向指针的指针；
- ❑ 内核函数的返回类型必须是 void；
- ❑ 内核函数不能使用 bool、half、size_t、ptrdiff_t、intptr_t、uintptr_t 以及 event_t 类型数据作为参数；
- ❑ 内核函数不支持递归。

9.4　基于 OpenCL 的 FPGA 异构并行计算实现方法

OpenCL 异构并行计算程序设计分为主程序（主机端）和内核程序（设备端）两个部分。主程序负责管理整个异构并行计算执行过程，它首先搜索并选择 OpenCL 平台以及 OpenCL 设备，然后创建主机和设备通信的上下文和命令队列，创建程序对象、内核对象和内存对象，接着命令队列将内核对象送入设备进行执行，完成并行计算任务，最后获得执行结果并清理环境。内核程序是真正在硬件上并行部署完成复杂计算任务的函数，具体实现功能与应用相关。

9.4.1　主程序设计

1. OpenCL 平台

OpenCL 主程序开发的第一步就是选择 OpenCL 平台。OpenCL 平台指的是 OpenCL 设备和 OpenCL 框架的组合。不同的 OpenCL 厂商属于不同的 OpenCL 平台。一个异构计算平台可以同时存在多个 OpenCL 平台，比如一台主机可以同时搭载 Intel CPU、NVIDIA GPU 以及 Intel FPGA 或者其他的异构芯片。因此，在进行 OpenCL 主程序开发的时候，必须显式地指定所需要使用的 OpenCL 平台。在 OpenCL API 中采用 clGetPlatformIDs 函数查询和获取 OpenCL 平台。

```
cl_int clGetPlatformIDs(cl_uint num_entries,
                        cl_platform_id * platforms,
                        cl_uint * num_platforms)
```

其中，num_entries 表示 OpenCL 平台的索引值，platforms 表示 OpenCL 平台的指针，num_platforms 表示 OpenCL 平台的数量，一般作为返回值。将 num_entries 设置为 0，并将 platforms 设置为 NULL 时表示查询可用的平台数。在实际使用当中，clGetPlatformIDs 函数需要调用 2 次。第一次调用时，num_entries 设置为 0，platforms 设置为 NULL，num_platforms 返回当前系统中可用的 OpenCL 平台数量。然后根据第一次调用获得的平台数量进行平台空间的分配，第二次调用时 num_platforms 设置为 NULL，完成对平台的初始化。具体示例如下：

```
cl_int err = 0;
cl_uint num_platform = 0;
cl_platform_id * platform = NULL;
err = clGetPlatformIDs(0, NULL, &num_platform);
if(CL_SUCCESS != err)
{
        exit(-1);
}
platform = (cl_platform_id*)malloc(
        sizeof(cl_platform_id)* num_platform);
err = clGetPlatformIds(
        num_platform, platform, NULL);
```

OpenCL 只是一个标准，不同厂商的不同硬件对此有不同的实现，故 OpenCL 平台的基本信息也是存在区别的。为了能够清楚地知道平台的基本信息，判别使用的平台，在 OpenCL API 中采用 clGetPlatformInfo 函数获取 OpenCL 平台的基本信息。

```
cl_int clGetPlatformInfo (cl_platform_id platform,
                          cl_platform_info param_name,
                          size_t param_value_size,
                          void *param_value,
                          size_t *param_value_size_ret)
```

其中，platform 表示需要查询的 OpenCL 平台，param_name 表示需要查询的平台属性名称，其取值如表 9.4 所示，param_value_size 表示 param_value 指向的内存空间大小，param_value 表示返回属性值的指针，param_value_size_ret 表示返回属性值的实际长度。在实际使用时，clGetPlatformInfo 函数也需要调用 2 次。第一次调用时，param_value_size 设置为 0，param_value 设置为 NULL，param_value_size_ret 返回属性值的实际长度。然后根据第一次调用获得的属性值长度分配内存空间，第二次调用时 param_value_size_ret 设置为

NULL，实现对属性值字符串的存放。具体示例如下：

```
size_t size = 0;
cl_int err = 0;
err = clGetPlatformInfo(platform, CL_PLATFROM_NAME, 0, NULL, &size);
if(CL_SUCCESS!= err)
{
    exit(-1);
}
char * platform_name = NULL;
platform_name = (char*)malloc(sizeof(char) * size + 1);
err = clGetPlatformInfo(platform, CL_PLATFORM_NAME, size, platform_name, NULL);
Printf( "%s\n" , platform_name);
```

表 9.4 平台属性 cl_platform_info 典型取值

cl_platform_info	返回类型	描述
CL_PLATFORM_PROFILE	char []	平台是 FULL_PROFIL 还是 EMBEDDED_PROFILE
CL_PLATFORM_VERSION	char []	平台支持的最高 OpenCL 版本
CL_PLATFORM_NAME	char []	平台名称
CL_PLATFORM_VENDOR	char []	平台的供应商
CL_PLATFORM_EXTENSIONS	char []	平台支持的扩展列表

对于 Intel TSP FPGA Cyclone V 系列的 OpenCL 平台而言，通过执行代码可以获得的属性值信息如表 9.5 所示。

表 9.5 Intel TSP FPGA Cyclone V 系列的 OpenCL 平台获得的属性值信息

名称	值
CL_PLATFORM_PROFILE	EMBEDDED_PROFILE
CL_PLATFORM_VERSION	OpenCL 1.0 Intel(R) FPGA SDK for OpenCL(TM), Version 17.1
CL_PLATFORM_NAME	Intel(R) FPGA SDK for OpenCL(TM)
CL_PLATFORM_VENDOR	Intel(R) Corporation
CL_PLATFORM_EXTENSIONS	cl_khr_byte_addressable_store cles_khr_int64 cl_intelfpga_live_object_tracking cl_intelfpga_compiler_mode cl_khr_icd cl_khr_3d_image_writes

2. OpenCL 设备

选择好平台后，接下来就是选择 OpenCL 设备。OpenCL 的设备依赖于平台，但是一个平台可以拥有多个 OpenCL 设备。每个平台可能关联不同的设备，不同的设备对 OpenCL

的支持不同，不同设备的 OpenCL 实现也不同，常见的 OpenCL 设备包括 CPU、GPU 与加速卡（Accelerator，也称为 PAC）。另外，OpenCL 平台设置了默认设备以及和平台关联的所有设备，CPU 虽然是同构设备，但也可以作为 OpenCL 设备使用，前提是要有 OpenCL 平台支持。显然，在 Intel TSP FPGA Cyclone V 系列的 FPGA 加速应用中，所谓的 OpenCL 设备指的就是这些 FPGA 芯片或者加速卡。OpenCL 需要在设备中运行代码，所以必须先要找到并选择需要使用的设备。在 OpenCL API 中采用 clGetDeviceIDs 函数查找设备。

```
cl_int clGetDeviceIDs(cl_platform_id platform, cl_device_type device_type, cl_uint num_entries,
    cl_device_id *devices, cl_uint *num_devices)
```

其中，device_type 表示 OpenCL 设备类型，其取值如表 9.6 所示，devices 表示查找到的设备列表，num_devices 表示查找到的设备数量。在实际使用时，clGetDeviceIDs 函数需要调用 2 次。第一次调用时，num_entries 设置为 0，devices 设置为 NULL，num_devices 返回当前平台中可用的 OpenCL 设备数量。然后根据第一次调用获得的设备数量进行设备空间的分配，第二次调用时 num_devices 设置为 NULL，获取设备信息并初始化。具体示例如下：

```
cl_int err = 0;
cl_uint num_devices = 0;
cl_device_id * devices = NULL;
err = clGetDeviceIDs(platform, CL_DEVICE_TYPE_ACCELERATOR, 0, NULL, &num_devices);
if(CL_SUCCESS != err)
{
    exit(-1);
}
devices = (cl_device_id*)malloc(
    sizeof(cl_device_id)* num_devices);
err = clGetDeviceIds(platform, CL_DEVICE_TYPE_ ACCELERATOR, num_devices, devices,
NULL);
```

表 9.6　OpenCL 设备类型

cl_device_type	描述
CL_DEVICE_TYPE_CPU	CPU 设备
CL_DEVICE_TYPE_GPU	GPU 设备
CL_DEVICE_TYPE_ACCELERATOR	加速卡设备
CL_DEVICE_TYPE_DEFAULT	与平台关联的默认 OpenCL 设备
CL_DEVICE_TYPE_ALL	平台支持的所有 OpenCL 设备

通过上述方式可以获得指定平台上的设备，但是设备的硬件资源及特点等具体信息尚

不清楚。不同 OpenCL 设备之间的差距较大，计算方式和资源使用方式都不同，因此，明确设备的详细信息对于 OpenCL 编程以及性能优化有重大意义。在 OpenCL API 中采用 clGetDeviceInfo 函数获取设备的详细信息。

```
cl_int clGetDeviceInfo(cl_device_id device, cl_device_info param_name, size_t
param_value_size,
    void * param_value, size_t * param_value_size_ret)
```

其中，device 表示指定查询的设备，param_name 表示需要查询的设备属性名称，其取值如表 9.7 所示，param_value_size 表示 param_value 指向的内存空间大小，param_value 表示返回属性值的指针，param_value_size_ret 表示返回属性值的实际长度。在实际使用中，如果设备属性为数字类型，clGetDeviceInfo 函数只需要调用一次即可。具体示例如下：

```
cl_uint compute_units = 0;
cl_int err = clGetDeviceInfo(deviceid, CL_DEVICE_MAX_COMPUTE_UNITS,
                sizeof(cl_uint), &compute_units, NULL);
if(CL_SUCCESS != err)
{
    exit(-1);
}
printf("%d\n", compute_units);
```

在其他情况下，clGetDeviceInfo 函数则需要调用 2 次。第一次调用时，param_value_size 设置为 0，param_value 设置为 NULL，param_value_size_ret 返回属性值的实际长度。然后根据第一次调用获得的属性值长度分配内存空间，第二次调用时 param_value_size_ret 设置为 NULL，实现对属性值字符串的存放。具体示例如下：

```
cl_int err = clGetDeviceInfo(deviceid,
                CL_DEVICE_NAME, 0, NULL, &size);
if(CL_SUCCESS != err)
{
                exit(-1);
}
char *device_info = (char*)malloc(sizeof(char) * size + 1));
err = clGetDeviceInfo(deviceid, CL_DEVICE_NAME,
                size, device_info, NULL);
if(CL_SUCCESS != err)
{
    exit(-1);
}
device_info[size] = '\0';
printf("%s: %s\n", device_info_name, device_info);
```

表 9.7　OpenCL 设备属性 cl_device_info 典型取值

cl_device_info	描述
CL_DEVICE_ADDRESS_BITS	默认计算 OpenCL 设备地址空间大小
CL_DEVICE_AVAILABLE	如果设备可获得则返回 CL_TRUE，否则返回 CL_FALSE
CL_DEVICE_COMPILER_AVAILABLE	如果使用时没有编译器可用来编译程序，那么返回 CL_FLASE，否则返回 CL_TRUE
CL_DEVICE_DOUBLE_FP_CONFIG	描述 OpenCL 设备的双精度浮点运算能力

3. OpenCL 上下文

OpenCL 异构并行计算程序分为主程序和内核程序两个部分。主程序运行在 CPU 主机端，内核程序则运行在 OpenCL 设备端。OpenCL 上下文主要负责主机端程序和设备端程序之间的通信和协调工作，具体为关联 OpenCL 应用所需要使用的设备，沟通 CPU 和 OpenCL 设备的内存读写，将设备的命令放到命令队列，管理 OpenCL 程序对象与内核对象，为内核提供容器等。OpenCL 上下文是 OpenCL 主程序设计的核心内容。

OpenCL 上下文具有如下特点：

❏ 上下文管理的所有设备必须来自同一平台；
❏ 如果使用不同平台的 OpenCL 设备，则必须为每个平台独立创建上下文；
❏ 上下文可以同时管理同一个平台的不同设备；
❏ 可以用多个上下文管理多个设备。

在 OpenCL API 中采用 clCreateContext 函数创建上下文。

```
cl_context clCreateContext (const cl_context_properties *properties,
                    cl_uint num_devices,
                    const cl_device_id *devices,
                    void (*pfn_notify)(const char *errinfo,
                            const void *private_info, size_t cb,
                            void *user_data),
                    void *user_data,
                    cl_int *errcode_ret)
```

其中，properties 表示上下文的属性，devices 表示 OpenCL 设备列表，pfn_notify 和 user_data 共同作为一个回调函数，报告上下文生命周期当中出现的错误信息，而 errcode_ret 则表示函数的返回状态（成功或是失败）。需要注意的是，OpenCL 有多个标准，本书所使用的 Intel FPGA 平台采用的标准是 OpenCL 1.0，这种标准只支持一种 properties，即 CL_CONTEXT_PLATFORM，表示 OpenCL 平台的 ID。在具体使用的时候，properties 有些限制，其使用方式大致如下：

```
properties[]={属性名称, 属性值, 0}
```

这里 properties 的末尾参数必须为 0，属性值需要强制转换为 cl_context_properties 类型，也可以直接将 properties 制定为 NULL。clCreateContext 函数具体示例如下：

```
cl_context context = NULL;
cl_context_properties properties[] = {CL_CONTEXT_PLATFORM, (cl_context_
        properties)(*platformids), 0};
context = clCreateContext(properties, num_device, devices, NULL, NULL, &err);
```

除了使用上述的显式指定设备的方式创建上下文之外，OpenCL 还提供了另外一种方式，即采用 clCreateContextFromType 函数根据设备类型进行上下文创建，该函数会使用第一个搜索到的设备进行上下文的创建。

```
cl_context clCreateContextFromType (const cl_context_properties *properties,
            cl_device_type device_type,
            void (*pfn_notify)(const char *errinfo,
                    const void *private_info, size_t cb,
                    void *user_data),
            void *user_data,
            cl_int *errcode_ret)
```

由于上下文包含了关联的设备、对应的设备 ID、上下文的属性以及引用计数等详细信息，这些信息对于 OpenCL 应用非常重要，因此实时获取上下文的详细信息就很有必要。在 OpenCL API 中采用 clGetContextInfo 函数获取上下文详细信息。

```
cl_int clGetContextInfo (cl_context context,
            cl_context_info param_name,
            size_t param_value_size,
            void *param_value,
            size_t *param_value_size_ret)
```

其中，context 表示平台上下文，param_name 表示需要获取的上下文的属性名称，其取值如表 9.8 所示，param_value_size 表示 param_value 指向的内存空间大小，param_value 表示返回属性值的指针，param_value_size_ret 表示返回属性值的实际长度。

表 9.8　上下文属性 cl_context_info 典型取值

cl_context_info	返回类型	描述
CL_CONTEXT_REFERENCE_COUNT	cl_unit	返回上下文引用计数
CL_CONTEXT_NUM_DEVICES	cl_unit	返回上下文中的设备数
CL_CONTEXT_DEVICES	cl_device_id[]	返回上下文中的设备列表
CL_CONTEXT_PROPERTIES	cl_context_properties[]	返回指定的 properties 参数

4. OpenCL 命令队列

OpenCL 命令队列负责完成对上下文包含的程序对象、内核对象与内存对象的管理操作，实现主机和设备之间的内存同步和内存搬运。同时通过主机将命令发送给设备，通知设备执行相关操作。每个命令队列只能管理一个 OpenCL 设备。在 OpenCL API 中采用 clCreateCommandQueue 函数创建命令队列。

```
cl_command_queue clCreateCommandQueue (cl_context context,
                                       cl_device_id device,
                                       cl_command_queue_properties properties,
                                       cl_int *errcode_ret)
```

其中，context 表示平台上下文，device 表示 OpenCL 设备，properties 表示命令队列的属性，可以设置为 NULL。

和其他的对象一样，OpenCL 命令队列也包含一些属于哪个上下文、关联哪个设备、命令队列大小等详细属性信息，这些信息对于 OpenCL 应用也很重要。在 OpenCL API 中采用 clGetCommandQueueInfo 函数获取队列的详细信息。

```
cl_int clGetCommandQueueInfo (cl_command_queue command_queue,
                              cl_command_queue_info param_name,
                              size_t param_value_size,
                              void *param_value,
                              size_t *param_value_size_ret)
```

其中，command_queue 表示需要查询的命令队列，param_name 表示需要获取的命令队列的属性名称，其取值如表 9.9 所示，param_value_size 表示 param_value 指向的内存空间大小，param_value 表示返回属性值的指针，param_value_size_ret 表示返回属性值的实际长度。

表 9.9　命令队列属性 cl_command_queue_info 典型取值

cl_command_queue_info	返回类型	描述
CL_QUENE_CONTEXT	cl_context	返回队列属于哪个上下文
CL_QUENE_DEVICE	cl_device_id	返回队列关联的设备
CL_QUENE_REFERENCE_COUNT	cl_unit	返回队列的参考数量
CL_QUENE_PROPERTIES	cl_command_queue_properties	返回队列的 properties 参数

5. OpenCL 程序对象

程序对象与内核对象是 OpenCL 的核心，内核对象是在 OpenCL 设备上执行的函数，而程序对象是内核对象的一个容器，一个程序对象可以包含多个内核对象，内核对象由程序对象创建和管理。概括地说，程序对象包含内核函数的集合，能够为关联设备编译内核。程序对象支持通过 OpenCL C 源代码文本和二进制代码两种方式创建。

通过 OpenCL C 源代码文本创建程序对象需要设备和编译器的支持，通过查询 OpenCL 设备的属性 CL_DEVICE_COMPILER_AVAILABLE（设备是否存在编译器）与 CL_DEVICE_LINKER_AVAILABLE（设备是否存在链接器），就可以判断 OpenCL 源代码是否可以直接在设备上编译为可执行的二进制文件，即是否可以从源代码文本直接创建程序对象。以 Intel FPGA 平台为例，查询设备的这两个属性的属性值均为 0，因此，Intel FPGA OpenCL 平台不支持通过源代码创建程序对象，只支持从二进制文件创建。

在 OpenCL API 中采用 clCreateProgramWithBinary 函数创建程序对象。

```
cl_program clCreateProgramWithBinary (cl_context context,
                                      cl_uint num_devices,
                                      const cl_device_id *device_list,
                                      const size_t *lengths,
                                      const unsigned char **binaries,
                                      cl_int *binary_status,
                                      cl_int *errcode_ret)
```

其中，context 表示平台上下文，num_devices 表示设备的数量，device_list 表示设备列表，lengths 表示二进制文件长度，binaries 表示二进制文件的内容（所有的 aocx 二进制文件都需要读取为 unsigned char 类型的数据之后，再通过 binaries 送入内核程序当中处理）。同时注意，一般情况下同一平台上的同一类型的所有设备加载的 OpenCL 二进制文件内容基本都是相同的，但是，也可以根据需要将不同的二进制文件加载到不同的设备当中。

读取二进制文件转变为 unsigned char 类型的数据示例如下：

```
FILE * binary_file = NULL;
if (NULL == (binary_file = fopen("device/hello.aocx", "rb")))
```

```
{
        printf("Cannot open fpga binary file\n");
        return -1;
}
fseek(binary_file, 0, SEEK_END);
size_t binary_lenth = ftell(binary_file);
unsigned char * binary_context = NULL;
if (NULL == (binary_context = (unsigned char *)malloc(
        sizeof(unsigned char) * binary_lenth + 1)))
{
        printf("Cannot allocate more memory for binary context\n");
        fclose(binary_file);
        return -1;
}
rewind(binary_file);
fread(binary_context, sizeof(unsigned char),
        binary_lenth, binary_file);
binary_context[binary_lenth] = '\0';
fclose(binary_file);
```

读取完成之后,就需要使用读取到的内容进行程序对象的创建。如果是针对单设备的程序创建,示例代码如下:

```
cl_program program = clCreateProgramWithBinary(context, 1, &device,
        &binary_lenth, (const unsigned char **)(&binary_context),
        NULL, &err);
```

如果是针对同类型的多设备进行创建,示例代码如下:

```
for(; index < num_devices; index++)
{
        binarys[index] = binary_context;
        array[index] = binary_lenth;
}
cl_int err = 0;
programobj = clCreateProgramWithBinary(
        ctxt, num_devices, deviceids, array,
        (const unsigned char**)binarys, NULL, &err);
```

OpenCL 是跨平台的工业标准,只有在选择了设备对象之后,才能确定运行环境。一旦运行环境确定,则需要在运行的设备上对程序对象进行构建。在 OpenCL API 中采用 clBuildProgram 函数构建与编译程序对象。

```
cl_int clBuildProgram (cl_program program,
                       cl_uint num_devices,
                       const cl_device_id *device_list,
                       const char *options,
                       void (*pfn_notify)(cl_program, void *user_data),
                       void *user_data)
```

其中，program 表示程序对象，num_devices 表示设备的数量，device_list 表示设备列表，options 表示编译器的参数。由于 Intel FPGA 平台的二进制文件全部是离线编译的，因此这里的 options 全部可以设置为 NULL。pfn_notify 表示回调函数，user_data 表示回调函数的传入参数。针对 Intel FPGA 平台，通常也无须进行设置。

这个构建和编译的过程实际上就是将二进制文件烧录到 OpenCL 设备当中，而这个过程对应到 Intel FPGA OpenCL 平台，就类似于在执行 aocl program acl0 xxx.aocx 的指令。只有经过了这个过程，上述创建的程序对象才能真正地在 OpenCL 设备上运行起来。

和其他的对象一样，程序对象的属性信息也是可以进行查询和读取的。这些信息包含程序对象本身的详细信息，也包含程序对象在 OpenCL 设备上的编译信息。在 OpenCL API 中采用 clGetProgramInfo 函数查询程序对象信息。

```
cl_int clGetProgramInfo (cl_program program,
                         cl_program_info param_name,
                         size_t param_value_size,
                         void *param_value,
                         size_t *param_value_size_ret)
```

其中，program 表示需要查询的程序对象，param_name 表示需要查询的程序对象的属性名称，其取值如表 9.10 所示，param_value_size 表示 param_value 指向的内存空间大小，param_value 表示返回属性值的指针，param_value_size_ret 表示返回属性值的实际长度。

表 9.10　程序对象属性 cl_program_info 典型取值

cl_program_info	返回类型	描述
CL_PROGRAM_REFERENCE_COUNT	cl_unit	返回程序的引用计数值
CL_PROGRAM_CONTEXT	cl_context	返回用于创建程序的上下文
CL_PROGRAM_NUM_DEVICES	cl_unit	返回程序关联的设备数量
CL_PROGRAM_DEVICES	cl_device_id[]	返回程序关联的设备列表
CL_PROGRAM_SOURCE	char[]	以一个字符串返回程序源码
CL_PROGRAM_BINARIES_SIZES	size_t[]	返回每个目标二进制码的大小
CL_PROGRAM_BINARIES	unsigned char *[]	返回程序关联的二进制数组
CL_PROGRAM_NUM_KERNELS	size_t	返回程序中内核对象的个数
CL_PROGRAM_ KERNEL_NAMES	char[]	返回程序中内核函数的名称

由于 Intel FPGA 的 OpenCL 平台仅支持离线编译，即仅支持从二进制文件构建程序对象。因此，表格中程序对象的与源码相关的内容是无法在 Intel FPGA 的 OpenCL 平台上正常运行的，其他属性参数都可以运行。通过这个查询函数，可以明确获得程序对象所包含的设备列表、内核个数，以及每个内核的名称等信息。

这里不仅可以针对程序对象本身的属性信息进行查询，还可以对程序对象的构建信息进行查询。在 OpenCL API 中采用 clGetProgramBuildInfo 函数查询程序对象的构建与编译信息。

```
cl_int clGetProgramBuildInfo (cl_program program,
                              cl_device_id device,
                              cl_program_build_info param_name,
                              size_t param_value_size,
                              void *param_value,
                              size_t *param_value_size_ret)
```

6. OpenCL 内核对象

程序对象是内核对象的一个容器，一个程序对象可以包含多个内核对象，内核对象才是一个真正可以在 OpenCL 设备上运行的函数。也就是说，OpenCL 的功能是需要内核对象进行实现的。

内核程序实际上就是一段可以在 OpenCL 设备上运行的函数，示例如下：

```
__kernel void adder(__global float * restrict a,
        __global float * restrict b, __global float * restrict result)
{
        int tid = get_global_id(0);
        result[tid] = a[tid] + b[tid];
}
```

这种类似的函数需要编译为 OpenCL 平台可识别的二进制文件（即 aocx 文件）才能在 OpenCL 设备上执行。关于内核程序源代码的编写会在后续的章节进行讲述。由于内核对象是依赖于程序对象存在的，因此需要先创建程序对象，然后再创建内核对象。在 OpenCL API 中采用 clCreateKernel 函数创建内核对象。

```
cl_kernel clCreateKernel (cl_program program,
                    const char *kernel_name,
                    cl_int *errcode_ret)
```

其中，program 表示程序对象，kernel_name 表示内核函数的名称，这个名称必须是包含在程序对象（program）所查询的内核函数名称当中的，否则无法正常创建内核对象。和其他对象一样，在 OpenCL API 中可以采用 clGetKernelInfo 函数查询内核对象的属性信息，如内核函数的名称、参数个数等。

```
cl_int clGetKernelInfo (cl_kernel kernel,
                cl_kernel_info param_name,
                size_t param_value_size,
                void *param_value,
                size_t *param_value_size_ret)
```

其中，kernel 表示需要查询的内核对象，param_name 表示需要查询的内核对象的属性名称，其取值如表 9.11 所示，param_value_size 表示 param_value 指向的内存空间大小，param_value 表示返回属性值的指针，param_value_size_ret 表示返回属性值的实际长度。

表 9.11　内核对象属性 cl_kernel_info 典型取值

cl_kernel_info	返回类型	描述
CL_KERNEL_FUNCTION_NAME	char[]	返回内核函数名称
CL_KERNEL_NUM_ARGS	cl_unit	返回内核参数的数量
CL_KERNEL_REFERENCE_COUNT	cl_unit	返回内核引用的数量
CL_KERNEL_CONTEXT	cl_context	返回内核关联的上下文
CL_KERNEL_ROGRAM	cl_program	返回内核关联的程序对象

7. OpenCL 内存对象

内核对象实际上就是一个可以在 OpenCL 设备上执行的函数，函数都是有参数和返回值的。现在内核函数已经通过二进制的方式烧录到了 OpenCL 设备，而函数执行所需的参数传递以及返回值接收则需要内存对象才能完成。内存对象也称为缓冲区，实际上就是内存资源，包括主机端内存资源和 OpenCL 设备的内存资源。主机端将函数参数传向设备需要使用内存对象，设备将内核计算结果传回主机端同样需要使用内存对象。

在 OpenCL API 中采用 clCreateBuffer 函数创建内存对象。

```
cl_mem clCreateBuffer (cl_context context,
                cl_mem_flags flags,
                size_t size,
                void *host_ptr,
                cl_int *errcode_ret)
```

其中，context 表示上下文，size 表示分配的内存大小，host_ptr 表示在主机端的内存指针，该内存指针用来传递内核参数，或者用来接收内核返回结果，flags 表示内存的属性。在 OpenCL 1.0 当中，支持的内存属性如表 9.12 所示。

表 9.12　OpenCL 1.0 支持的内存属性信息

属性名称	描述
CL_MEM_READ_WRITE	默认模式，内核可以读写
CL_MEM_WRITE_ONLY	内核只能写入
CL_MEM_READ_ONLY	内核只能读取
CL_MEM_USE_HOST_PTR	直接使用 host_ptr 引用的内存作为内存对象
CL_MEM_ALLOC_HOST_PTR	在 host 的内存当中进行分配
CL_MEM_COPY_HOST_PTR	在设备分配内存，并从 host_ptr 引用的内存复制数据

简单的内存对象的创建示例如下：

```
int *input = (int *)malloc(sizeof(int) * SIZE);
for (int i = 0; i != SIZE; ++i)
{
    input[i] = rand();
}
cl_mem in_buffer = clCreateBuffer(context,
        CL_MEM_READ_ONLY | CL_MEM_COPY_HOST_PTR,
        sizeof(int) * SIZE, input, &err);
```

内存对象创建后，就可以用于传递内核执行所需参数以及返回值。这里需要先设定内核参数（传入参数和传出参数）与内存对象的对应关系，在 OpenCL API 中采用 clSetKernelArg 函数设定内核参数。

```
cl_int clSetKernelArg (cl_kernel kernel,
                cl_uint arg_index,
                size_t arg_size,
                const void *arg_value)
```

其中，kernel 表示内核对象，index 表示内核函数参数索引值，arg_size 表示与参数对应的内存对象的空间大小，arg_value 表示内存对象指针。

内核对象创建与内核参数设定完整示例如下：

```
__kernel void adder(__global float * restrict a,
        __global float * restrict b, __global float * restrict result)
{

        size_t index = 0;

        #pragma unroll
        for(index=0; index < 10; index++)
        {
```

```
                        result[index] = a[index] + b[index];
            }
}
```

上面的内核函数中包含 a、b 和 result 3 个参数，其中 result 为返回值接收参数。内存对象创建与内核参数设置代码如下：

```
cl_mem a_buffer = clCreateBuffer(ctxt, CL_MEM_READ_ONLY|CL_MEM_COPY_HOST_PTR,
        sizeof(float) * 10, adder_a_input, err);
cl_mem b_buffer = clCreateBuffer(ctxt, CL_MEM_READ_ONLY|CL_MEM_COPY_HOST_PTR,
        sizeof(float) * 10, adder_b_input, err);
cl_mem c_buffer = clCreateBuffer(ctxt, CL_MEM_WRITE_ONLY,
        sizeof(float) * 10, NULL, err);
err = clSetKernelArg(kernel, 0, sizeof(cl_mem), &a_buffer);
err |= clSetKernelArg(kernel, 1, sizeof(cl_mem), &b_buffer);
err |= clSetKernelArg(kernel, 2, sizeof(cl_mem), &c_buffer);
```

8. OpenCL 内核执行

在创建好内核对象、内存对象，设定完内核对象参数后，就可以通过命令队列发送命令，在 OpenCL 设备上执行内核程序，完成复杂计算任务。在 OpenCL API 中采用 clEnqueueNDRangeKernel 或者 clEnqueueTask 函数执行内核程序。

```
cl_int clEnqueueNDRangeKernel (cl_command_queue command_queue,
                        cl_kernel kernel,
                        cl_uint work_dim,
                        const size_t *global_work_offset,
                        const size_t *global_work_size,
                        const size_t *local_work_size,
                        cl_uint num_events_in_wait_list,
                        const cl_event *event_wait_list,
                        cl_event *event))
```

其中，command_queue 表示命令队列，kernel 表示内核对象，work_dim 表示执行全局工作项的维度，其取值通常只有 1，2 和 3。一般来说该值最小为 1，最大为 OpenCL 设备的 CL_DEVICE_MAX_WORK_ITEM_DIMENSIONS。采用 Intel FPGA OpenCL 平台时，work_dim 最大为 1。global_work_offset 表示全局 ID 的偏移量，大多数情况下设置为 NULL，global_work_size 表示全局工作项大小，local_work_size 表示指定一个工作组当中的工作项的大小。

为了简便，OpenCL API 还提供了一个简化的内核执行函数，但这个函数只在特定条件下使用。

```
cl_int clEnqueueTask (cl_command_queue command_queue,
                cl_kernel kernel,
                cl_uint num_events_in_wait_list,
                const cl_event *event_wait_list,
                cl_event *event)
```

clEnqueueTask 函数与 clEnqueueNDRangeKernel 相比，基本参数相同，但是少了其中
关于维度的参数。该函数的调用实际上相当于以如下的方式调用后者。

```
clEnqueueNDRangeKernel(queue, kernel, 1, NULL, NULL, NULL, num_events_in_
    wait_list, event_wait_list, event)
```

9. OpenCL 内核执行结果

内核程序执行完成相当于函数调用完成，同其他编程语言一样，内核函数执行也会返
回执行结果。但是和其他语言不同，按照 OpenCL 语言标准编写的内核代码不能有任何返
回值，即返回类型必须是 void。如果需要获得内核函数的返回值，需要将返回值当作一个
参数放在内核参数列表当中，并且返回值在内核函数当中必须是一个指针，也就是说内核
函数返回值将写入上文参数设定的内存对象区域。接下来就是从内存区域（缓冲区）当中
将执行结果读取出来。

在 OpenCL API 中采用 clEnqueueReadBuffer 函数读取设备内存区域。

```
cl_int clEnqueueReadBuffer (cl_command_queue command_queue,
                    cl_mem buffer,
                    cl_bool blocking_read,
                    size_t offset,
                    size_t cb,
                    void *ptr,
                    cl_uint num_events_in_wait_list,
                    const cl_event *event_wait_list,
                    cl_event *event)
```

其中，command_queue 表示命令队列，buffer 表示 OpenCL 设备缓冲区（内存对象），
blocking_read 表示是否以阻塞模式进行读取，offset 表示内存偏移量，cb 表示读取的内存
大小，ptr 表示 OpenCL 主机缓冲区（内存）。从这个定义可以看到，读取内核函数的执行
结果，实际上就是将 OpenCL 设备的执行结果从设备的内存缓冲区搬运到主机端的内存缓
冲区。具体示例如下：

```
err = clEnqueueReadBuffer(queue, c_buffer, cl_true,
        0, sizeof(float) * 10, adder_c_output, 0, NULL, NULL);
size_t index = 0;
while(index < 10)
{
```

```
        printf("%f\n", adder_c_output[index++]);
}
```

10. OpenCL 对象回收

主程序中的所有对象全部都是创建或者直接从内存申请的，当主程序执行完成后，这些对象应当及时归还和释放，防止出现内存泄漏等问题。所有的 OpenCL 对象都有统一的回收方式：clRelease＜ObjectType＞。

```
clReleaseKernel(kernel)
clReleaseComandqueue(queue)
clReleaseMemObject(buffer)
clReleaseProgram(program)
clReleaseContext(context)
free_cl_device_res(deviceids);
free_cl_platform_res(platformids);
```

由于内核对象依赖于程序对象，程序对象依赖于设备和上下文，命令队列也依赖于设备和上下文，内存对象依赖于上下文，上下文依赖于设备和平台，因此可以按照内核、程序对象、命令对象、内存对象、上下文对象、设备和平台顺序依次回收。

9.4.2 内核程序设计

内核程序是真正要在 OpenCL 设备上执行的函数，通过并行部署快速完成复杂计算任务。如前所述，OpenCL 内核程序是采用 OpenCL C 语言根据实际运算需求而设计的，典型示例如下：

```
__kernel void adder(__global float * a,
    __global float * b, __global float * result)
{
    int tid = get_global_id(0);
    result[tid] = a[tid] + b[tid];
}
```

这里需要注意的是，内核函数必须以 __kernel 或者 kernel 关键字作为函数的修饰符，所有内核函数都没有返回值，统一以 void 作为函数的返回类型，函数的执行结果通过传递的函数参数以指针的方式传递。

CHAPTER 10

第 10 章

基于 OpenCL 的 FPGA 异构并行
计算应用案例

本章主要介绍一个基于 OpenCL 的 FPGA 异构并行计算实现案例。通过案例实施分析，希望读者掌握基于 OpenCL 的 FPGA 并行计算实现方法，掌握 OpenCL 应用主程序（主机端）与内核程序（设备端）的设计思想与方法，掌握采用 OpenCL 技术在 FPGA 上完成复杂运算任务并行部署实施的工程实践能力。

10.1 整体描述

本应用案例使用 OpenCL 技术在 FPGA 上对图形图像进行处理，实现将灰度图像逆时针旋转 45° 的功能，对从事图形图像处理工作的读者具有很强的借鉴意义。

具体实现过程为：首先输入一张 bmp 格式的灰度图像，将原图像在屏幕上显示 1～2s，然后送入 FPGA 进行旋转处理，最终得到一张旋转之后的图像，并将该旋转后的图像在屏幕上显示 1～2s，同时保存旋转结果。

本应用案例压缩包内容包括主程序 Imagerotation.c、内核程序 rotation.cl、原始图像 lena.bmp 与编译脚本 Makefile 等，压缩包层次结构如图 10.1 所示。

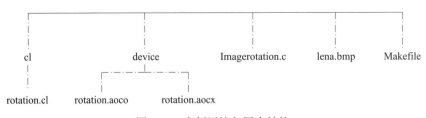

图 10.1 案例压缩包层次结构

10.2　内核程序设计

内核程序是真正实现灰度图像逆时针旋转45°功能的函数，通过并行部署到 FPGA 快速完成图像旋转。图像旋转可以看成原始图像在二维坐标系下的旋转变换（线性变换），这种变换前后的图像坐标向量满足式（10-1）中的关系，其中 (x_o, y_o) 为变换前的图像坐标向量，(x_n, y_n) 为变换后的图像坐标向量。

$$\begin{bmatrix} \cos\theta & -\sin\theta \\ \sin\theta & \cos\theta \end{bmatrix} \begin{bmatrix} x_o \\ y_o \end{bmatrix} = \begin{bmatrix} x_n \\ y_n \end{bmatrix} \tag{10-1}$$

内核程序代码如下：

```
__constant sampler_t sampler = CLK_NORMALIZED_COORDS_FALSE |
    CLK_FILTER_LINEAR | CLK_ADDRESS_CLAMP;

__kernel void rotation(
    __read_only image2d_t input_image,
    __write_only image2d_t output_image,
    int image_width, int image_heigh, float theta)
{

    int x = get_global_id(0);
    int y = get_global_id(1);

    float x_center = image_width / 2.0f;
    float y_center = image_heigh / 2.0f;

    int xprime = x - x_center;
    int yprime = y - y_center;

    float sin_theta = sin(theta);
    float cos_theta = cos(theta);

    float2 read_coord;
    read_coord.x = xprime * cos_theta - yprime * sin_theta + x_center;
    read_coord.y = xprime * sin_theta + yprime * cos_theta + y_center;

    float4 value;
    value = read_imagef(input_image, sampler, read_coord);

    write_imagef(output_image, (int2)(x, y), value);

}
```

10.3　主程序设计

主程序包括两个部分：第一部分主要定义实现 bmp 图像读写与显示功能的子函数；第二部分为主函数入口，完成 bmp 图像读写、角度转换与图像显示的应用功能。

10.3.1　子函数

这部分程序包括图像显示（show_image）、图像读取（readBmpFloat）、图像写入（writeBmpFloat）三个子函数的定义，具体代码如下：

```
#include <stdio.h>
#include <stdlib.h>

#include <opencv/cv.h>
#include <opencv/highgui.h>
#include <opencv/cxcore.h>

#include "CL/cl.h"
#include "CL/cl_ext_intelfpga.h"

void show_image(const char * filename)
{
    IplImage * image = cvLoadImage(filename,  CV_LOAD_IMAGE_COLOR);
    if(!image)
        printf("loading error!\n");
    cvNamedWindow(filename, 1);
    cvShowImage(filename, image);
    cvWaitKey(5000);
    cvReleaseImage(&image);
    cvDestroyWindow(filename);
}

void writeBmpFloat(float *imageOut, const char *filename,
    int rows, int cols, const char* refFilename)
{
    FILE *ifp, *ofp;
    unsigned char tmp;
    int offset;
    unsigned char *buffer;
    int i, j;
    int bytes;
```

```c
int height, width;
size_t itemsRead;

ifp = fopen(refFilename, "rb");
if(ifp == NULL)
{
    printf("Cannot open the file :%s\n", refFilename);
    return;
}

fseek(ifp, 10, SEEK_SET);
itemsRead = fread(&offset, 4, 1, ifp);
if (itemsRead != 1)
{
    printf("Cannot read the file content :%s\n", refFilename);
    return;
}

fseek(ifp, 18, SEEK_SET);
itemsRead = fread(&width, 4, 1, ifp);
if (itemsRead != 1)
{
    printf("Cannot read the file content :%s\n", refFilename);
    return;
}
itemsRead = fread(&height, 4, 1, ifp);
if (itemsRead != 1)
{
    printf("Cannot read the file content :%s\n", refFilename);
    return;
}

fseek(ifp, 0, SEEK_SET);

buffer = (unsigned char *)malloc(sizeof(unsigned char) * offset);
if(buffer == NULL)
{
    printf("Cannot allocate more memory\n");
    return;
}
```

```
itemsRead = fread(buffer, 1, offset, ifp);
if (itemsRead != offset)
{
    printf("Cannot read the file content :%s\n", refFilename);
    return;
}

ofp = fopen(filename, "wb");
if(ofp == NULL)
{
    printf("Cannot create the output file :%s\n", filename);
    return;
}
bytes = fwrite(buffer, 1, offset, ofp);
if(bytes != offset)
{
    printf("Cannot write the header of output file :%s\n", filename);
    return;
}

int mod = width % 4;
if(mod != 0)
{
    mod = 4 - mod;
}
for(i = height-1; i >= 0; i--)
{
    for(j = 0; j < width; j++)
    {
        tmp = (unsigned char)imageOut[i*cols+j];
        fwrite(&tmp, sizeof(char), 1, ofp);
    }
    for(j = 0; j < mod; j++)
    {
        fwrite(&tmp, sizeof(char), 1, ofp);
    }
}

fclose(ofp);
fclose(ifp);
```

```
            free(buffer);
}


float* readBmpFloat(const char *filename, int* rows, int* cols)
{
        unsigned char * imageData;
        int height, width;
        unsigned char tmp;
        int offset;
        int i, j;
        size_t itemsRead;

        FILE *fp = fopen(filename, "rb");
        if(fp == NULL)
        {
                printf("Cannot open the file :%s\n", filename);
                return NULL;
        }


        fseek(fp, 10, SEEK_SET);
        itemsRead = fread(&offset, 4, 1, fp);
        if (itemsRead != 1)
        {
                printf("Cannot read the file :%s\n", filename);
                return NULL;
        }


        fseek(fp, 18, SEEK_SET);
        itemsRead = fread(&width, 4, 1, fp);
        if (itemsRead != 1)
        {
                printf("Cannot read the file :%s\n", filename);
                return NULL;
        }
        itemsRead = fread(&height, 4, 1, fp);
        if (itemsRead != 1)
        {
                printf("Cannot read the file :%s\n", filename);
                return NULL;
        }
```

```
*cols = width;
*rows = height;

imageData = (unsigned char*)malloc(sizeof(unsigned char)*width*height);
if(imageData == NULL)
{
    printf("Cannot allocate more memory\n");
    return NULL;
}

fseek(fp, offset, SEEK_SET);
fflush(NULL);

int mod = width % 4;
if(mod != 0)
{
    mod = 4 - mod;
}

for(i = 0; i < height; i++)
{
    for(j = 0; j < width; j++)
    {
        itemsRead = fread(&tmp, sizeof(char), 1, fp);
        if (itemsRead != 1)
        {
            printf("Failed to read image file :%s\n", filename);
            return NULL;
        }
        imageData[i*width + j] = tmp;
    }

    for(j = 0; j < mod; j++)
    {
        itemsRead = fread(&tmp, sizeof(char), 1, fp);
        if (itemsRead != 1)
        {
            printf("Failed to read image file :%s\n", filename);
            return NULL;
        }
    }
}
```

```
    }

    int flipRow;
    for(i = 0; i < height/2; i++)
    {
        flipRow = height - (i+1);
        for(j = 0; j < width; j++)
        {
                    tmp = imageData[i*width+j];
                    imageData[i*width+j] = imageData[flipRow*width+j];
                    imageData[flipRow*width+j] = tmp;
        }
    }
    fclose(fp);
    float* floatImage = NULL;
    floatImage = (float*)malloc(sizeof(float)*width*height);
    if(floatImage == NULL)
    {
        printf("Cannot allocate more memory\n");
        return NULL;
    }

    for(i = 0; i < height; i++)
    {
        for(j = 0; j < width; j++)
        {
                    floatImage[i*width+j] = (float)imageData[i*width+j];
        }
    }

    free(imageData);
    return floatImage;
}
```

10.3.2　主函数

主函数（main）的具体实现过程为：读取内核 aocx 二进制文件，显示原始 bmp 图像，读取原始 bmp 图像，搜索并选择 OpenCL 平台以及 OpenCL 设备，创建主机和设备通信的上下文和命令队列，创建程序对象、内核对象和内存对象，采用命令队列将内核对象送入设备进行并行执行完成图像旋转计算任务，获得旋转后的图像并清理环境，将旋转后的图像写入文件，显示旋转后的 bmp 图像。具体代码如下：

```c
int main(int argc, char * argv[])
{
    FILE * binary_file = NULL;
    if (NULL == (binary_file = fopen("device/rotation.aocx", "rb")))
    {
        printf("Cannot open fpga binary file\n");
        return -1;
    }
    fseek(binary_file, 0, SEEK_END);
    size_t binary_lenth = ftell(binary_file);
    unsigned char * binary_context = NULL;
    if (NULL == (binary_context = (unsigned char *)malloc(
        sizeof(unsigned char) * binary_lenth + 1)))
    {
        printf("Cannot allocate more memory for binary context\n");
        fclose(binary_file);
        return -1;
    }
    rewind(binary_file);
    fread(binary_context, sizeof(unsigned char),
        binary_lenth, binary_file);
    binary_context[binary_lenth] = '\0';
    fclose(binary_file);

    float * input_image = NULL;
    float * output_image = NULL;
    const float theta = 45.f;

    int image_rows = 0, image_cols = 0;
    input_image = readBmpFloat("lena.bmp", &image_rows, &image_cols);
    show_image("lena.bmp");
    const size_t image_size = sizeof(float) * image_rows * image_cols;

    output_image = (float*)malloc(image_size);
    if (NULL == output_image)
    {
        printf("Cannot allocate more memory for output image\n");
        return -1;
    }
```

```
cl_image_format format;
format.image_channel_order = CL_R;
format.image_channel_data_type = CL_FLOAT;

cl_image_desc desc;
desc.image_type = CL_MEM_OBJECT_IMAGE2D;
desc.image_width = image_cols;
desc.image_height = image_rows;
desc.image_depth = 0;
desc.image_array_size = 0;
desc.image_row_pitch = 0;
desc.image_slice_pitch = 0;
desc.num_mip_levels = 0;
desc.num_samples = 0;
desc.buffer = NULL;

cl_int err = 0;
cl_platform_id platform;
err = clGetPlatformIDs(1, &platform, NULL);
cl_device_id device;
err = clGetDeviceIDs(
    platform, CL_DEVICE_TYPE_ACCELERATOR, 1, &device, NULL);
cl_context context = clCreateContext(
    NULL, 1, &device, NULL, NULL, &err);
cl_command_queue queue = clCreateCommandQueue(context, device, 0, &err);
cl_program program = clCreateProgramWithBinary(context, 1, &device,
    &binary_lenth, (const unsigned char **)(&binary_context),
    NULL, &err);
err = clBuildProgram(program, 1, &device, "", NULL, NULL);
cl_kernel kernel= clCreateKernel(program, "rotation", &err);

cl_mem input_image_mem = clCreateImage(context,
    CL_MEM_READ_ONLY, &format, &desc, NULL, &err);
cl_mem output_image_mem = clCreateImage(context,
    CL_MEM_WRITE_ONLY, &format, &desc, NULL, &err);

size_t origin[3] = { 0, 0, 0 }, region[3] = {image_cols, image_rows, 1};
size_t global_size[2] = {image_cols, image_rows};

clEnqueueWriteImage(queue, input_image_mem, CL_TRUE, origin,
```

```
        region, 0, 0, input_image, 0, NULL, NULL);

    clSetKernelArg(kernel, 0, sizeof(cl_mem), &input_image_mem);
    clSetKernelArg(kernel, 1, sizeof(cl_mem), &output_image_mem);
    clSetKernelArg(kernel, 2, sizeof(int), (void*)&image_cols);
    clSetKernelArg(kernel, 3, sizeof(int), (void*)&image_rows);
    clSetKernelArg(kernel, 4, sizeof(float), (void*)&theta);

    err = clEnqueueNDRangeKernel(queue, kernel, 2, NULL,
        global_size, NULL, 0, NULL, NULL);
    err = clFinish(queue);

    err = clEnqueueReadImage(queue, output_image_mem, CL_TRUE, origin, region,
        0, 0, output_image, 0, NULL, NULL);

    writeBmpFloat(output_image, "rotated-lena.bmp", image_rows, image_cols,
"lena.bmp");

    show_image("rotated-lena.bmp");

    clReleaseKernel(kernel);
    clReleaseProgram(program);
    clReleaseCommandQueue(queue);
    clReleaseContext(context);

    if(NULL != binary_context)
    {
        free(binary_context);
        binary_context = NULL;
    }
    free(input_image);
    free(output_image);
    input_image = NULL;
    output_image = NULL;
    return 0;
}
```

10.4 执行与结果分析

这里选用 Intel TSP Cyclone V FPGA 作为 OpenCL 的开发设备，案例执行按照如下步骤完成：

（1）输入 cp imagerotation.tar.gz /root/intelFPGA/17.1/hld/board/tsp/tests/ 命令将代码压

缩包复制至工作目录；

（2）进入 tests 目录，输入 tar -zxvf imagerotation.tar.gz 命令解压压缩包；

（3）输入 cd /root/intelFPGA/17.1/hld/board/tsp/tests/imagerotation 命令切换至工作目录；

（4）输入 aoc cl/rotation.cl -o device/rotation.aocx -board＝c5gt -report –v 命令编译 OpenCL 内核程序，内核源程序为 rotation.cl，编译结果为 rotation.aocx，这个过程需要持续几分钟；

（5）在 imagerotation 目录下，输入 make 命令去编译主程序；

（6）输入 aocl program acl0 device/rotation.aocx 烧录内核程序比特流至 FPGA 板卡；

（7）输入 ./imagerotation 执行主程序完成旋转变换。

执行结果如图 10.2 所示，图 10.2a 为旋转前图像，图 10.2b 为旋转后图像，整体图像逆时针旋转了 45°。

a）　　　　　　　　　　　　　　　　　　b）

图 10.2　旋转前后图像示例

CHAPTER 11

第 11 章

基于 OpenVINO 的
FPGA 深度学习加速技术

深度学习网络可以通过 OpenVINO 工具并行化部署到 GPU、TPU 与 FPGA 等硬件上实现异构计算加速，开发者无须关注底层硬件具体实现过程，通过调用 API 函数方式就能够快速实施网络部署，提高深度学习应用的开发与执行效率。本章将重点介绍 OpenVINO 技术基础与加速架构、OpenVINO 平台环境搭建、OpenVINO 模型优化器，以及 OpenVINO 推理引擎等内容，要求读者掌握 OpenVINO 深度学习加速技术理论，培养读者在利用 OpenVINO 实现深度学习网络的 FPGA 异构加速方面的工程实践能力。

11.1　OpenVINO 技术基础与加速架构

11.1.1　OpenVINO 技术基础

OpenVINO（Open Visual Inference and Neural network Optimization）是 Intel 面向全球 AI 开发者发布的一种开放式视觉推理和神经网络优化的工具套件。OpenVINO 不仅可以广泛应用于监控、零售、医疗、办公自动化以及自动驾驶等领域，帮助开发者加快高性能计算机视觉和深度学习应用开发速度，而且聚焦于边缘端机器视觉与深度学习异构加速方案，快速实施复杂算法与网络模型的异构并行化部署，提升边缘计算应用执行效率。

OpenVINO 工具包含深度学习部署工具套件和 OpenCV、OpenVX、Media SDK、OpenCL 等其他工具组件，详细内容如图 11.1 所示。深度学习部署工具套件（Deep Learning Deployment Toolkit，DLDT）包括模型优化器（Model Optimizer，MO）和推理引

擎（Inference Engine，IE）。深度学习部署工具套件能够帮助开发者把已经训练好的深度学习网络模型部署到目标异构平台上完成推理操作（详细内容参考 OpenVINO 深度学习加速架构部分），异构设备包括 CPU、GPU、FPGA 以及 Movidius 的 VPU 等各种 Intel 平台支持的硬件加速器。OpenCV、OpenVX、Media SDK、OpenCL 等其他工具组件主要用来加速机器视觉应用的开发过程。具体而言，OpenVINO 工具库里包含经过预编译且在英特尔 CPU 上优化过的 OpenCV3.3 版本，同时还包含对 OpenVX 以及 OpenVX 在神经网络扩展方面的支持。在媒体、视频、图像处理领域还包含已经非常成熟的英特尔媒体软件开发套件 Media SDK，它可以帮助开发者非常方便地利用英特尔 CPU 里面集成显卡的资源来实现视频的编码、解码以及转码的操作，而且支持多种视频编解码的格式，如 H.264、H.265 等。

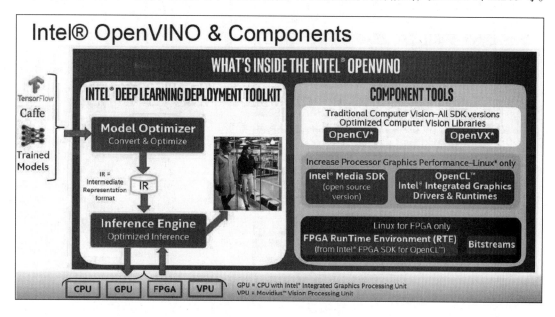

图 11.1　OpenVINO 工具组件

实际上，OpenVINO 套件还包含很多支持机器视觉和深度学习应用开发与加速的实用工具与模型，不同层次的开发者可以根据自己的使用要求以及开发能力去选择不同的接口进行调用，调用层次如图 11.2 所示。比如初学者可以直接调用 OpenVINO 集成的视觉算法模块，快速实现一个具体应用。资深视觉算法工程师则可以直接调用 OpenVINO 中优化后的 OpenCV 库定制应用。同时 OpenVINO 集成的 Model Zoo 包含多种类型的预训练好的网络模型，能够帮助深度学习算法工程师更快速地构建满足需求的深度神经网络等。

OpenVINO 具备以下优点：

❑ 提高推理性能。OpenVINO 不仅可以帮助开发者快速完成复杂深度学习算法在 CPU、GPU、VPU、FPGA 等异构平台上的部署，提升算法推理性能，而且执行的过程中支持异构处理和异步执行，能够减少由于系统资源等待所占用的时间。

❑ 整合深度学习。在基于卷积神经网络（CNN）的深度学习应用设计方面，OpenVINO 包括多个预先训练好的网络模型，开发者可以基于这些预训练模型构建更复杂的深度学习模型，同时极大地缩短模型训练时间，加速应用实现过程。

❑ 加速开发定制。开发者能够采用 OpenVINO 含有的 OpenCV、OpenVX 等基础库，自己开发特定的视觉算法，库中也包含多个应用示例，可以缩短开发时间，同时这些库都支持异构执行，可以通过异构接口运行在其他的硬件平台上。

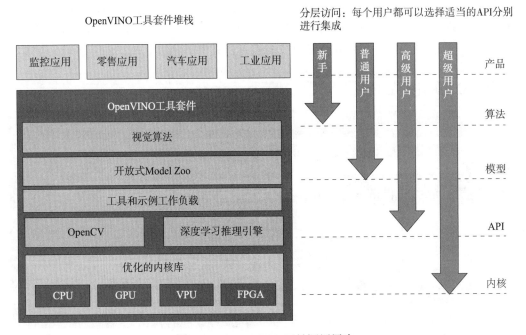

图 11.2　OpenVINO 工具调用层次

11.1.2　OpenVINO 加速架构

OpenVINO 深度学习加速架构主要由部署工具（Deep Learning Deployment Toolkit）与异构计算插件（Deep Learning Acceleration Suite）两部分构成，详细架构如图 11.3 所示。

深度学习部署工具包括模型优化器（Model Optimizer）和推理引擎（Inference Engine）。模型优化器针对所选用的异构加速目标平台特点，对开发者基于一些开放的深度学习框架实现的网络模型进行优化，并将优化后的模型转换成一个中间表述写入 IR 文件。具体而言，OpenVINO 模型优化器通过配置后，可以将基于 Caffe、TensorFlow、MxNet 等主流深度学习框架所开发的网络模型导入英特尔的平台上，而且在导入的过程中会根据目标加速平台的特性对网络进行一定的优化，同时把这些优化后的结果转换成 IR 文件输出，IR 文件里包含优化以后的网络拓扑结构，以及优化之后的模型参数和模型变量等。推理引擎则读取这个 IR 文件，并根据开发者所选用的目标加速平台去选用相应的异构计算插件，把最终的文件下载到目标加速平台上部署执行，网络模型的异构加速实现过程如图 11.4 所示。

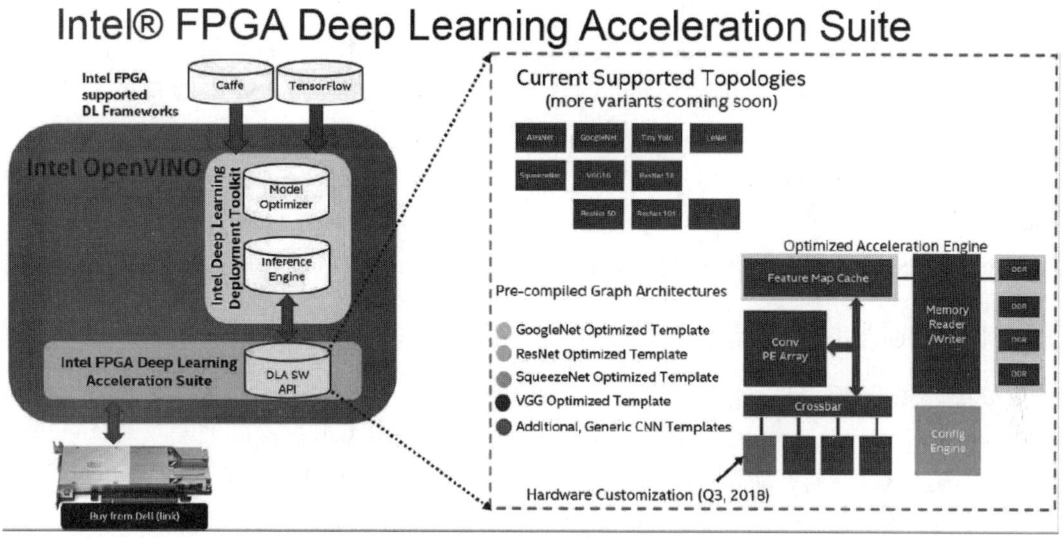

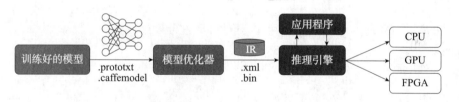

图 11.3　OpenVINO 深度学习加速架构

图 11.4　OpenVINO 深度学习加速流程

OpenVINO 现在支持的异构计算插件包括 CPU 的插件、核心显卡的 GPU 插件、FPGA 的插件以及 Myriad VPU 的插件。采用插件就可以把相应的 IR 文件下载到目标平台之上，开发者可以通过一些测试程序或者应用来验证它的正确性。在验证完后，可以把这些推理引擎和 IR 文件一起下载到或者集成到最终应用里进行部署。具体来说：通过 FPGA 的插件，可以把 IR 文件下载到英特尔 Cyclone V 的 FPGA 板卡之上，调用 DLA 的库，实现 FPGA 上的网络推理操作；通过 MKLDN 的插件，可以把 IR 文件下载到英特尔的凌动处理器、酷睿处理器或者是至强处理器之上，在这些通用的 CPU 之上实现深度学习的运行；通过 CLDNN 以及 OpenCL 的接口，可以让一些神经网络在英特尔的集成显卡之上运行；利用 Movidius 的插件，可以让神经网络在基于 Myriad2 的深度学习计算棒上面运行。未来如果有一个新的硬件架构需要支持的话，也可以设计一个相应的插件来实现这样的一些支持的扩展，而不需要改变插件之上的一些软件，从而降低开发成本。

11.2 OpenVINO 平台环境搭建

本书选用 Terasic Starter Platform（TSP）作为 OpenVINO 工具的异构开发平台，TSP 以 Intel Cyclone V FPGA 为核心建立，是兼具高性能和低功率处理系统的可重构性的强大的硬件设计平台。本节主要讲述在 Linux OS 下安装支持 FPGA 的 OpenVINO 部署工具以及 Starter Platform 开发环境的具体过程。OpenVINO 部署工具下载链接为 http://registrationcenter-download.intel.com/akdlm/irc_nas/15381/ l_openvino_toolkit_fpga_p_2019.1.094.tgz，Starter Platform 开 发 包 下 载 链 接 为 https://www.terasic.com.tw/cgi-bin/page/archive.pl?Language＝English&CategoryNo＝167&No＝1159&PartNo＝4。

11.2.1 OpenVINO 工具安装

安装步骤如下所示：

（1）将 l_openvino_toolkit_fpga_p_2019.1.094.tgz 安装包复制到桌面。

（2）在 Linux 下打开命令行终端，输入 sudo su 切换至超级用户 root。

（3）解压安装包 tar xvzf l_openvino_toolkit_fpga_p_2019.1.094.tgz，默认路径为 l_openvino_toolkit_fpga_p_2019.1.094，如图 11.5 所示。

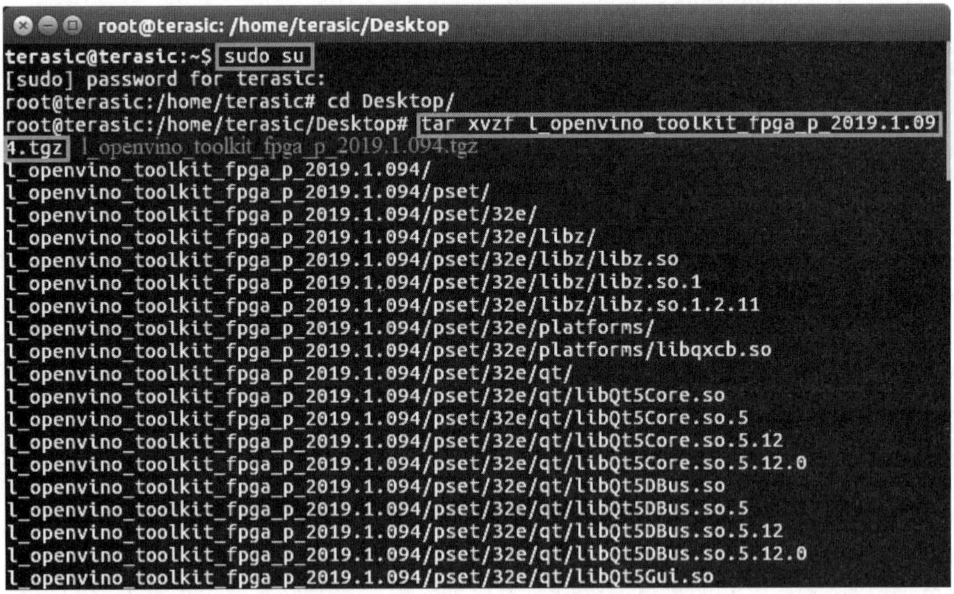

图 11.5　解压 OpenVINO 工具安装包

（4）进入 l_openvino_toolkit_fpga_p_2019.1.094 文件夹，然后输入 ls 命令显示安装包内包含的文件内容，如图 11.6 所示。

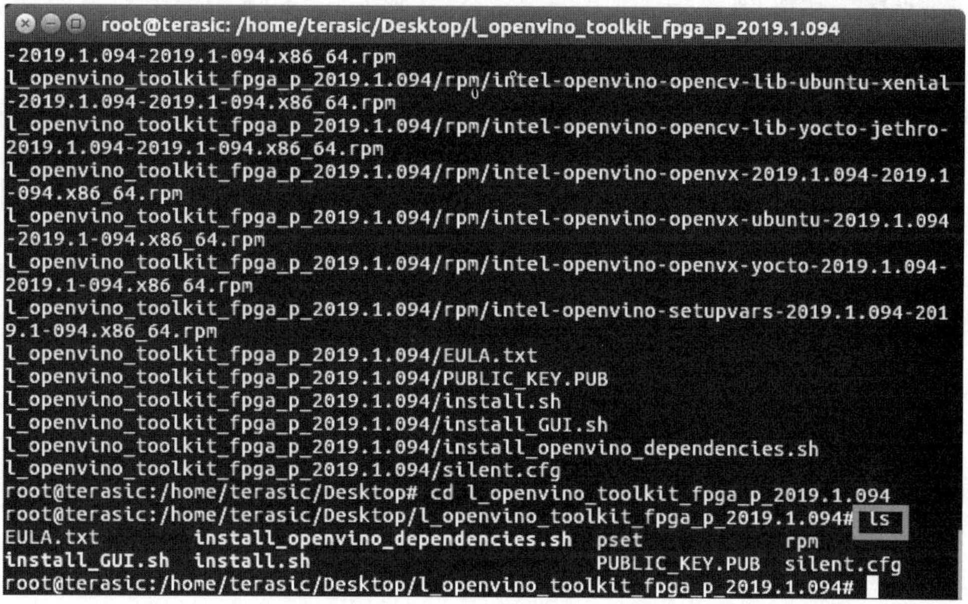

图 11.6　显示安装包内文件内容

（5）执行 ./install_openvino_dependencies.sh 去安装 OpenVINO 相关文件库，如图 11.7 所示。这个过程可能会持续几分钟，请耐心等待，安装完成后会有提示，如图 11.8 所示。

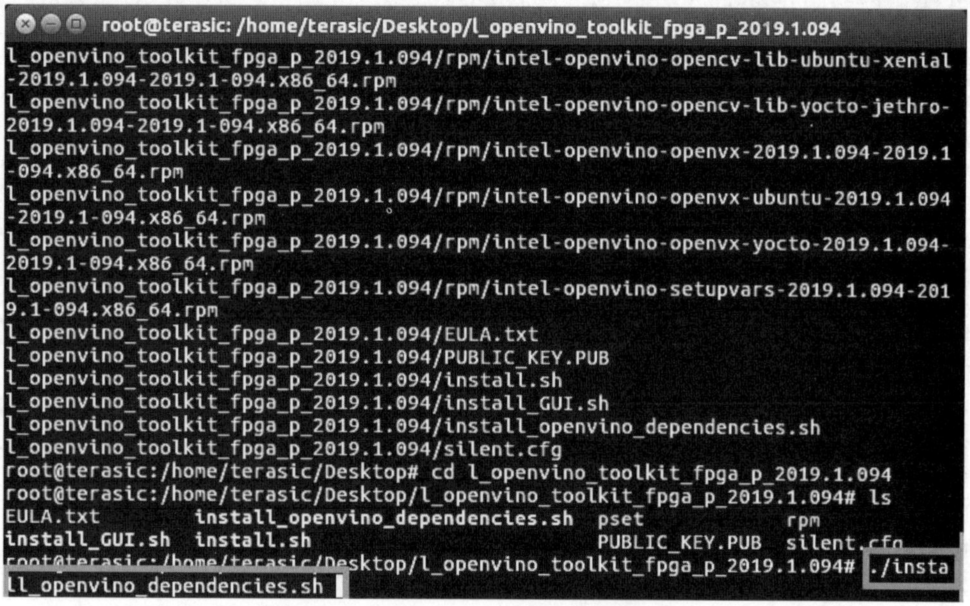

图 11.7　安装 OpenVINO 相关文件库

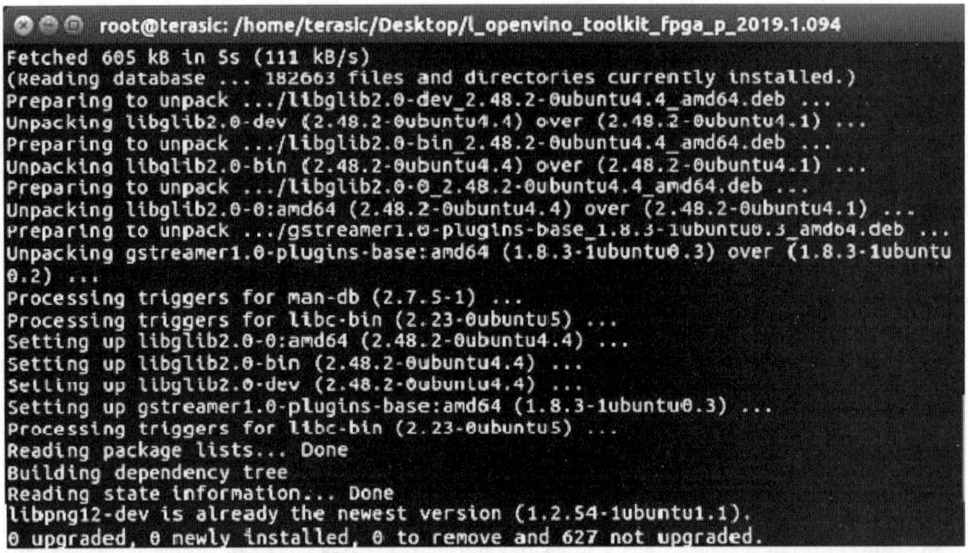

图 11.8　安装完成提示信息

（6）接着开始安装 OpenVINO 核心工具组件，用户可以选择采用图形用户界面（GUI）或者命令行方式完成组件安装，这里推荐采用 GUI 完成安装。

执行 ./install_GUI.sh 命令开始 GUI 安装过程，如图 11.9 所示。

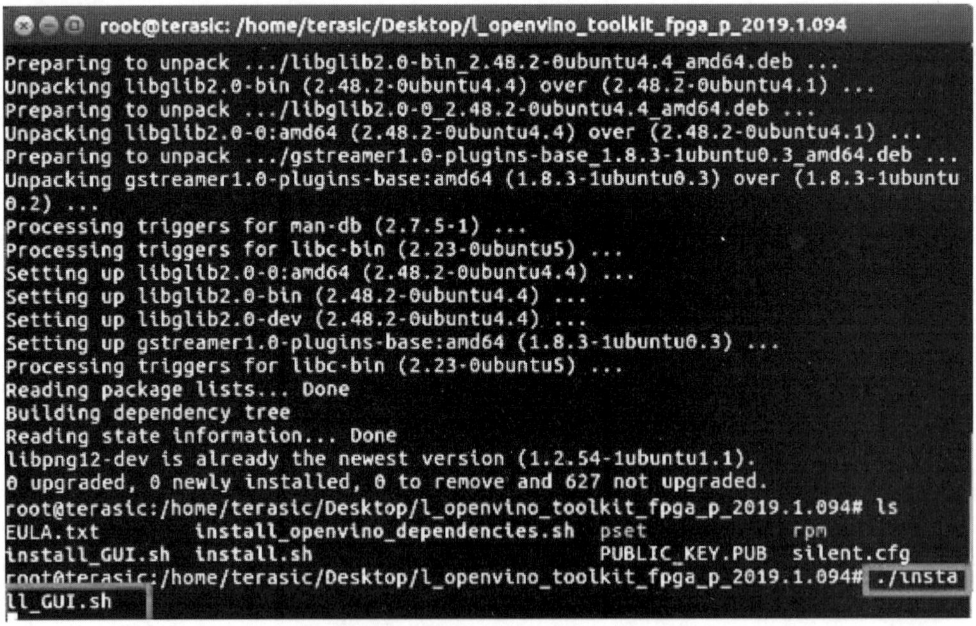

图 11.9　安装 OpenVINO 核心工具组件

然后会弹出 GUI 安装界面，点击 Next 进入下一步，如图 11.10 所示。

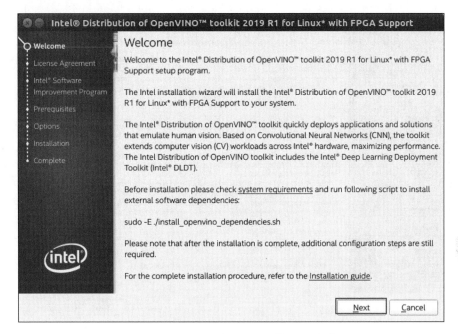

图 11.10　OpenVINO 核心工具组件 GUI 安装界面

选中接受授权协议项选项框，接着点击 Next 进入下一步，如图 11.11 所示。

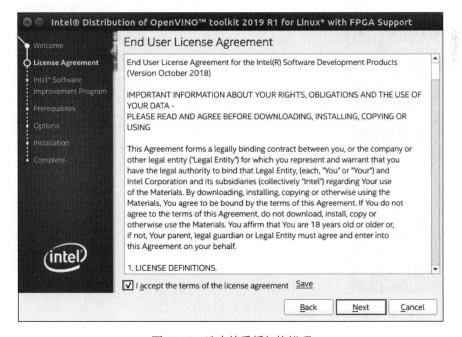

图 11.11　选中接受授权协议项

选中 I consent to the collection of my information 选项，接着点击 Next 进入下一步，如图 11.12 所示。

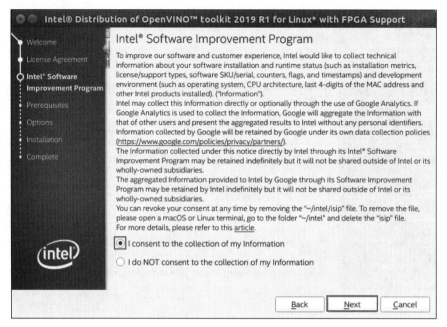

图 11.12　选中 I consent to the collection of my information 选项

接下来会花费几分钟验证 RPM 签名，请耐心等待，如图 11.13 所示。

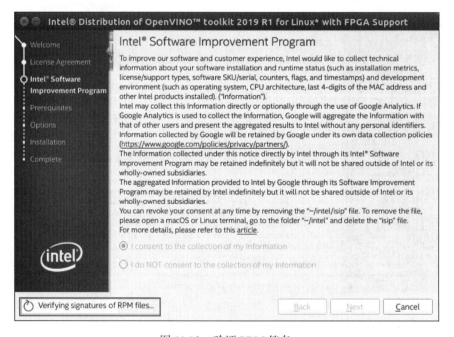

图 11.13　验证 PRM 签名

点击 Next 进入下一步，如图 11.14 所示。

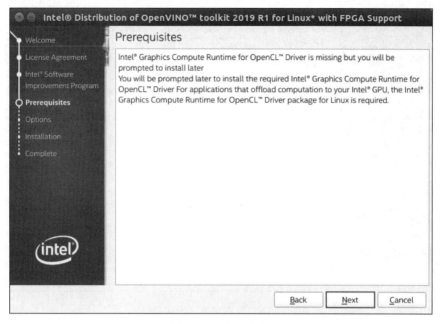

图 11.14　点击 Next

接着点击 Customize…输入用户自定义安装目录，如图 11.15 与图 11.16 所示，然后点击 Next，选择需要安装的工具组件，如图 11.17 所示。

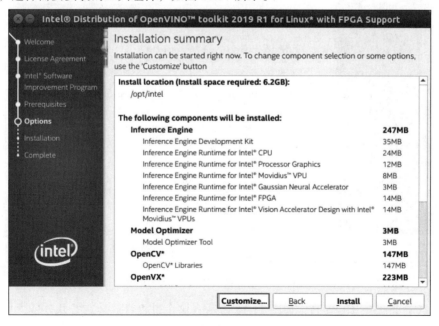

图 11.15　点击 Customize…

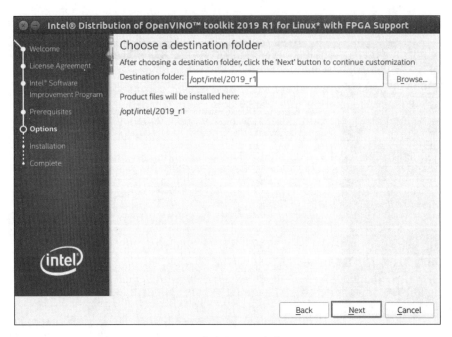

图 11.16   自定义工具安装目录

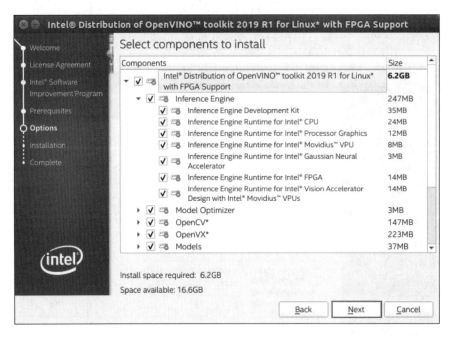

图 11.17   选择需要安装的工具组件

接着点击 Install 开始安装，如图 11.18 所示。这个过程可能会花费几分钟，如图 11.19 所示。

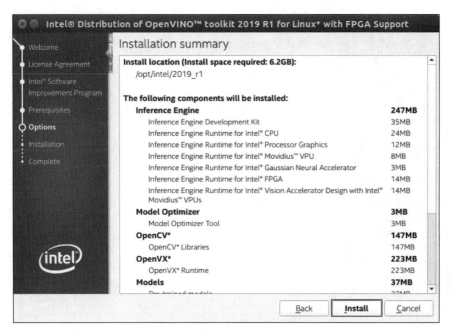

图 11.18　点击 Install 开始安装

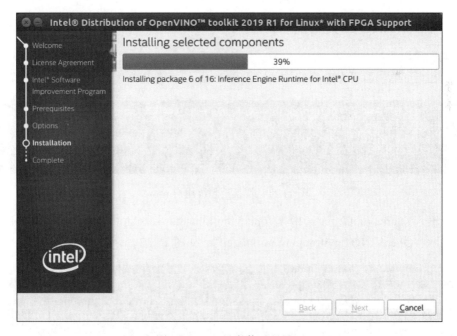

图 11.19　工具安装过程界面

安装完成后，点击 Finish 按钮退出安装界面，如图 11.20 所示。

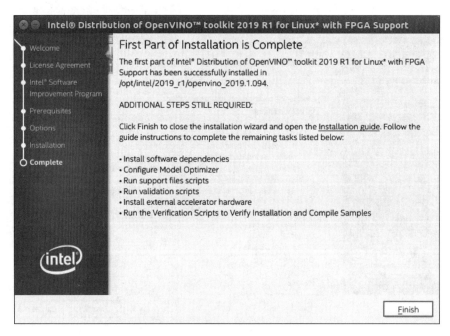

图 11.20　工具安装完成界面

11.2.2　OpenVINO 工具测试

测试步骤如下：

（1）在桌面右击打开命令行终端，输入 sudo su 切换至超级用户 root，如图 11.21 所示。

图 11.21　切换至超级用户 root

（2）输入 source /opt/intel/2019_r1/openvino/bin/setupvars.sh 命令设置 OpenVINO 环境，终端将显示"OpenVINO environment initialized"，如图 11.22 所示。

图 11.22　设置 OpenVINO 环境

（3）输入 cd /opt/intel/2019_r1/openvino/deployment_tools/demo/ 命令将路径切换至 demo 目录，如图 11.23 所示。

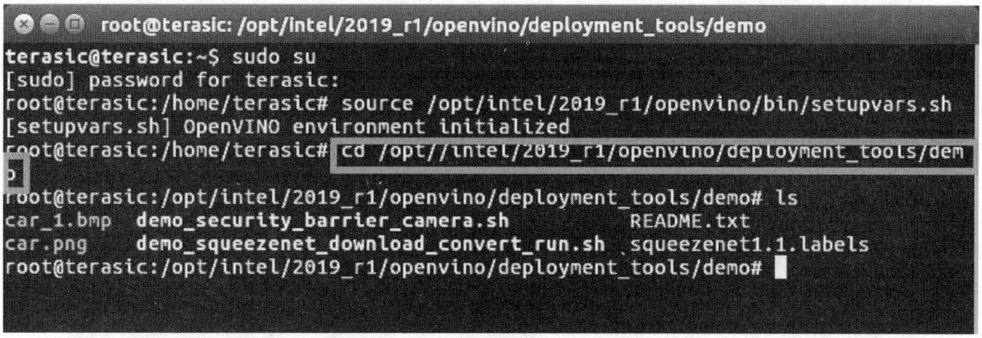

图 11.23　切换路径至 demo 目录

（4）输入 ./demo_squeezenet_download_convert_run.sh，执行 squeezenet demo，如图 11.24 所示。

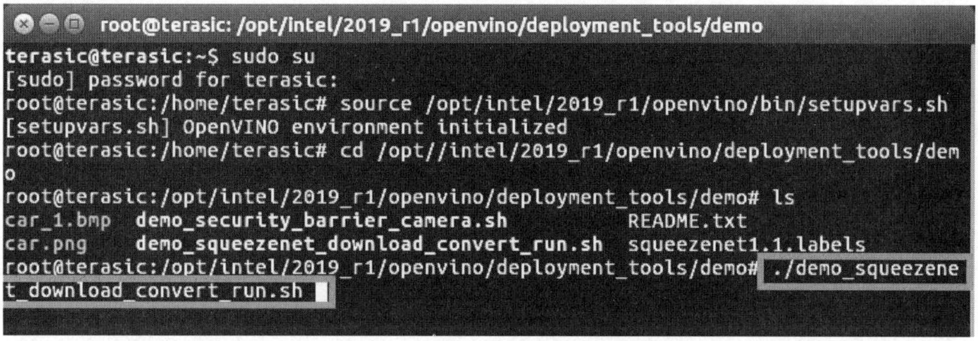

图 11.24　执行 squeezenet demo

（5）demo 脚本将自动安装需要的工具包，请耐心等待，安装时间取决于网速。

（6）这个 demo 只在 CPU 上执行，即在 CPU 上实现网络模型加速，结果如图 11.25 所示。

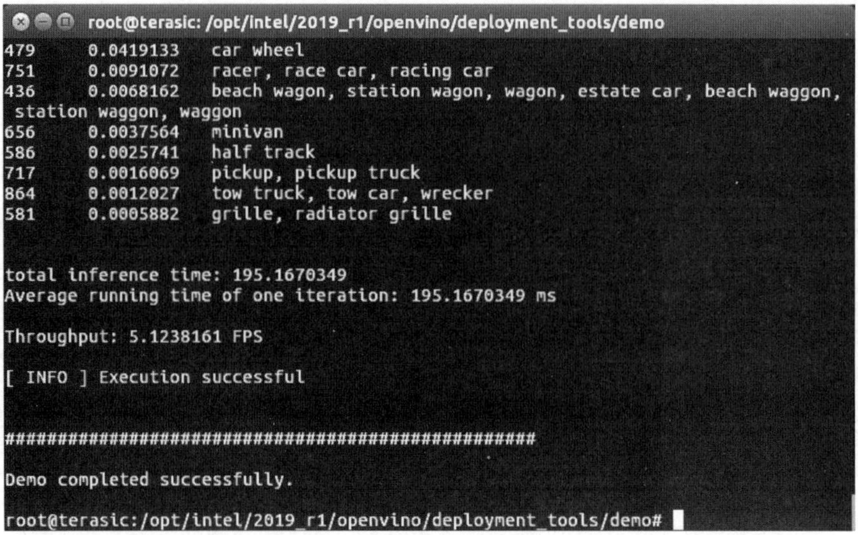

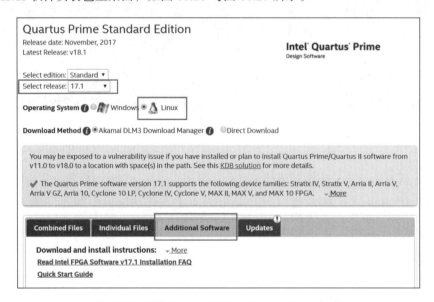

```
root@terasic: /opt/intel/2019_r1/openvino/deployment_tools/demo
479     0.0419133   car wheel
751     0.0091072   racer, race car, racing car
436     0.0068162   beach wagon, station wagon, wagon, estate car, beach waggon,
station waggon, waggon
656     0.0037564   minivan
586     0.0025741   half track
717     0.0016069   pickup, pickup truck
864     0.0012027   tow truck, tow car, wrecker
581     0.0005882   grille, radiator grille


total inference time: 195.1670349
Average running time of one iteration: 195.1670349 ms

Throughput: 5.1238161 FPS

[ INFO ] Execution successful


###############################################

Demo completed successfully.

root@terasic:/opt/intel/2019_r1/openvino/deployment_tools/demo#
```

图 11.25　demo 执行结果

（7）现在 OpenVINO 工具就已经安装完毕，安装过程如有问题请参考官网文档。

11.2.3　Quartus 软件安装

为了实现 FPGA 异构计算加速，这里需要首先安装 Quartus 软件。首先从链接 http://fpgasoftware.intel.com/17.1/?edition＝standard&platform＝linux&download_manager＝dlm3 下载 Quartus 软件安装包至桌面，如图 11.26 与图 11.27 所示。

图 11.26　选择 Linux 下 17.1 Quartus Prime 版本

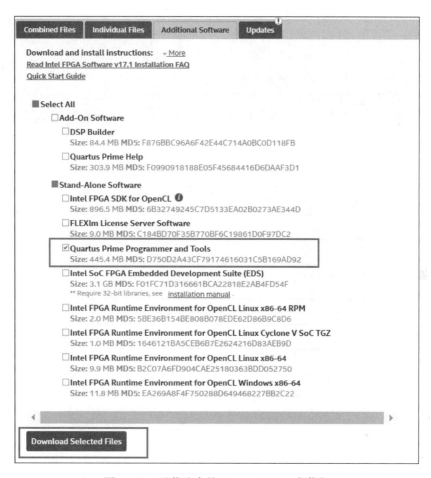

图 11.27　下载选中的 Quartus Prime 安装包

然后开始安装 Quartus 软件，步骤如下：

（1）打开命令行终端，输入 sudo su 切换至超级用户 root。

（2）输入 chmod ＋x QuartusProgrammerSetup-17.1.0.590-linux.run 命令添加文件的可执行属性，如图 11.28 所示。

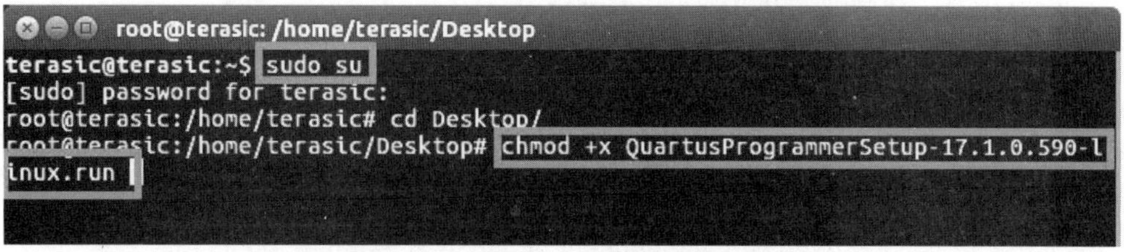

```
☒ ⊜ ⊡  root@terasic: /home/terasic/Desktop
terasic@terasic:~$ sudo su
[sudo] password for terasic:
root@terasic:/home/terasic# cd Desktop/
root@terasic:/home/terasic/Desktop# chmod +x QuartusProgrammerSetup-17.1.0.590-l
inux.run
```

图 11.28　添加文件的可执行属性

（3）执行安装文件 ./QuartusProgrammerSetup-17.1.0.590-linux.run，如图 11.29 所示。

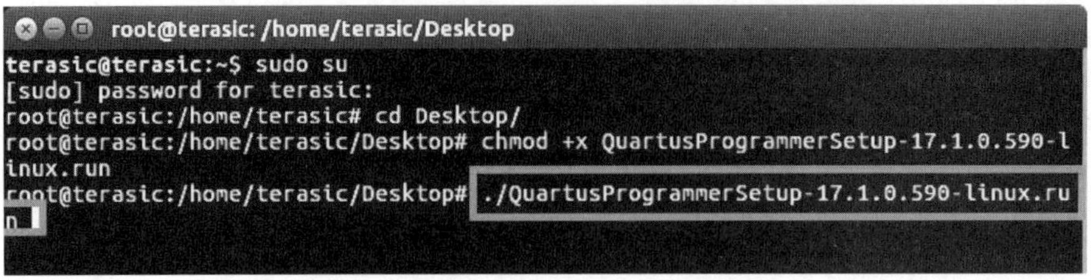

图 11.29　执行安装文件开始软件安装

（4）点击 Next 进入下一步，如图 11.30 所示。

图 11.30　点击 Next

（5）选中 I accept the agreement 选项，点击 Next 进入下一步，如图 11.31 所示。

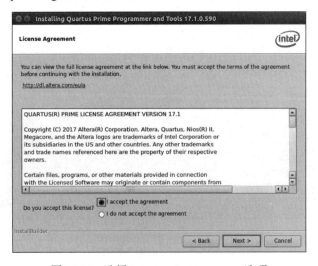

图 11.31　选择 I accept the agreement 选项

（6）点击 Next 进入下一步，如图 11.32 所示。这里注意 Quartus 采用默认安装路径，因为在安装 Starter Platform 环境执行 bringup_board.sh 脚本时需要用到这个路径，如果采用自定义安装路径就需要更新 bringup_board.sh 脚本相关内容。

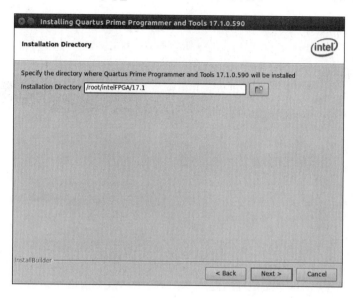

图 11.32　选择默认安装路径

（7）点击 Next 进入下一步，如图 11.33 所示。

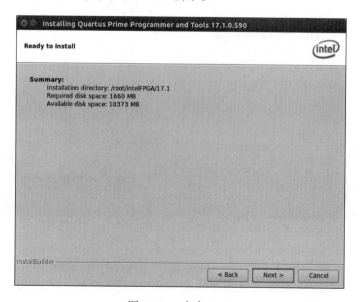

图 11.33　点击 Next

（8）安装过程开始，这个过程可能需要花费几分钟时间，如图 11.34 所示。

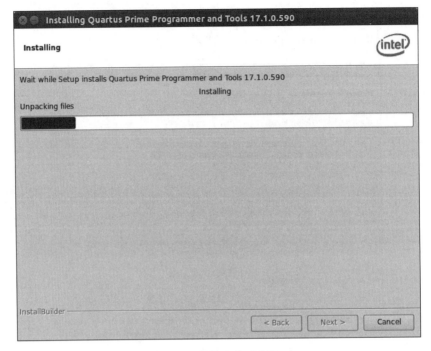

图 11.34 软件安装过程界面

（9）安装完成后，不用选中 launch 选项，点击 Finish 直接退出安装界面。

11.2.4 Starter Platform 环境安装

Starter Platform 开发包安装步骤如下：

（1）将 TSP_OPENVINO_BSP 目录下的 terasic_demo.tar.gz 文件复制至桌面，输入 sudo tar xvzf terasic_demo.tar.gz 命令解压缩文件，如图 11.35 所示。

图 11.35 解压 terasic_demo.tar.gz 文件

（2）输入 sudo cp terasic_demo /opt/intel/2019_r1/openvino/deployment_tools/ -rf命令将解压缩后的 terasic_demo 文件夹复制至 /opt/intel/2019_r1/openvino/deployment_tools/ 目录下，如图 11.36 所示。

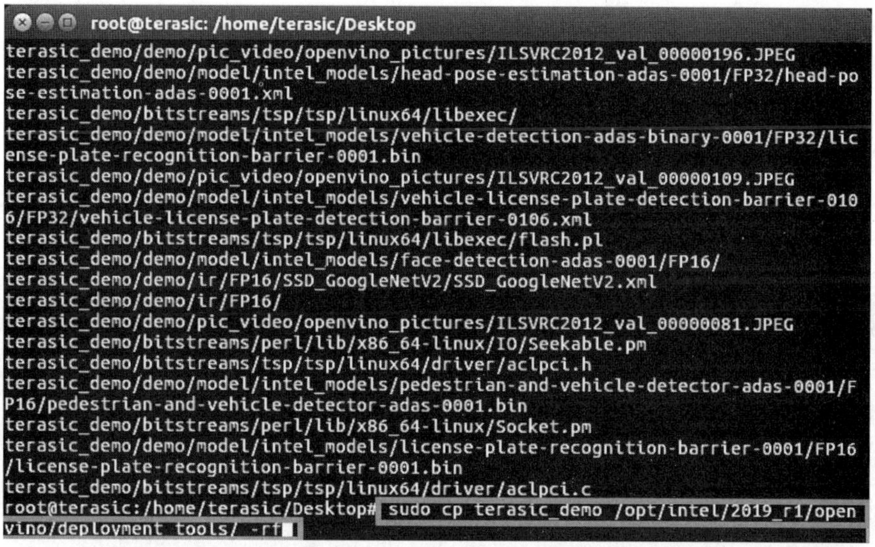

图 11.36　复制 terasic_demo 文件夹至 deployment_tools 目录

（3）将 TSP_OPENVINO_BSP 目录下的 pic_loop_demo.tar.gz 文件复制至桌面，输入 tar xvzf pic_loop_demo.tar.gz 命令解压缩文件。

（4）输入命令 sudo cp pic_loop_demo/pic_loop_demo/classification_sample_for_pic_loop // opt/intel/2019_r1/openvino/deployment_tools/inference_engine/samples/ -rf 将整个 demo 源码文件夹复制至 samples 目录下，如图 11.37 所示。

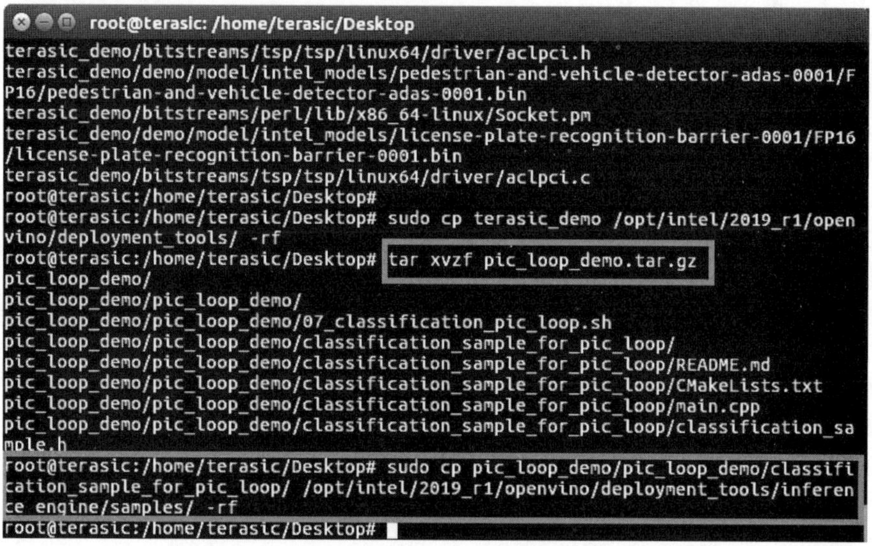

图 11.37　将 demo 源码文件夹复制至 samples 目录

（5）输入命令 sudo cp pic_loop_demo/pic_loop_demo/07_classification_pic_loop.sh /opt/intel/2019_

r1/openvino/deployment_tools/terasic_demo/demo/ 将 07_classification_pic_loop.sh 文件 copy 至 terasic
_demo/demo/ 目录下；

（6）输入命令 cd /opt/intel/2019_r1/openvino/deployment_tools/terasic_demo/demo 切换
至 demo 路径；

（7）输入命令 sudo chmod ＋x 07_classification_pic_loop.sh 添加文件的可执行属性，如
图 11.38 所示。

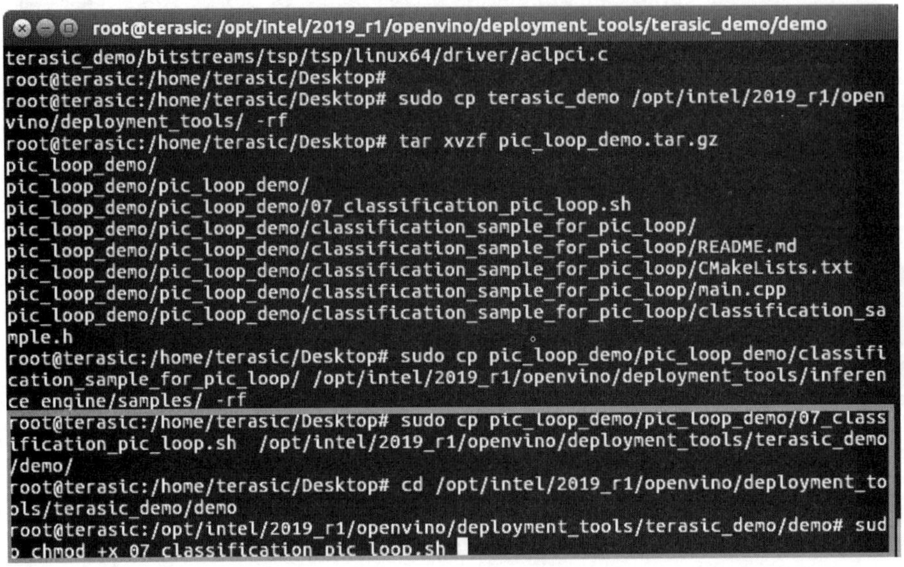

图 11.38　添加文件的可执行属性

接下来安装 Starter Platform 开发板卡，步骤如下：

（1）将 PC 主机关机。

（2）安装 Starter Platform 开发板卡到 PC 的 PCIe X4/X8/X16 插槽，如图 9.4 所示。

（3）如果需要则给 Starter Platform 开发板卡接通 DC 12V 电源。

（4）连接 USB Blaster II 数据线到 Starter Platform 开发板卡的 USB 接口。这里需要注
意的是，当后面执行 bringup_board.sh 脚本将比特流烧录至 FPGA 的 flash 时，一定不能拔
掉 USB Blaster II 数据线。

然后就可以启动 Starter Platform 开发板卡了，步骤如下：

（1）接通 PC 电源，打开命令行终端。

（2）输入 sudo su 命令切换至超级用户。

（3）输入 cd /opt/intel/2019_r1/openvino/deployment_tools/terasic_demo / 命令切换至 terasic_demo
路径，如图 11.39 所示。

（4）输入 ./bringup_board.sh tsp_gt 将预先加载的比特流文件烧录至 FPGA 的 flash，如
图 11.40 所示。

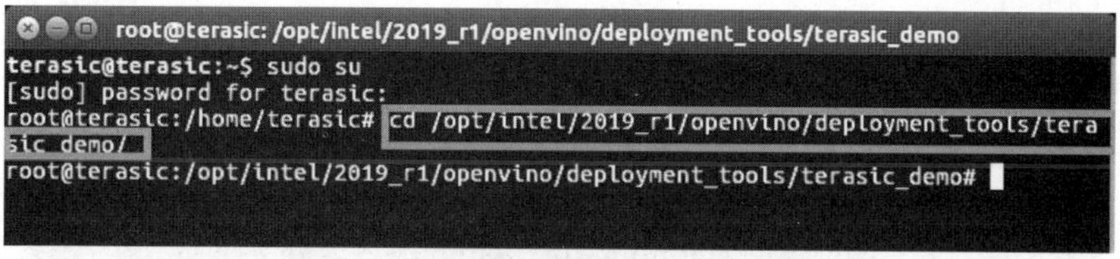

图 11.39　切换路径至 terasic_demo

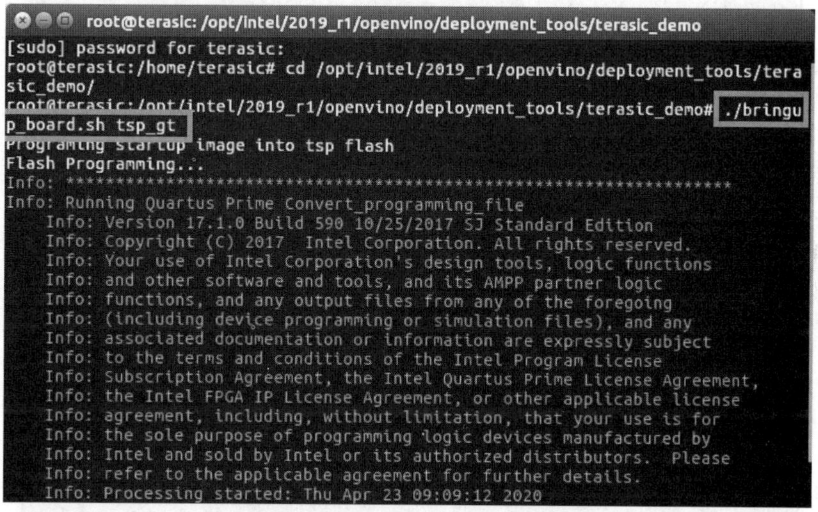

图 11.40　烧录比特流文件至 FPGA

（5）烧录过程需要持续几分钟，如图 11.41 所示。

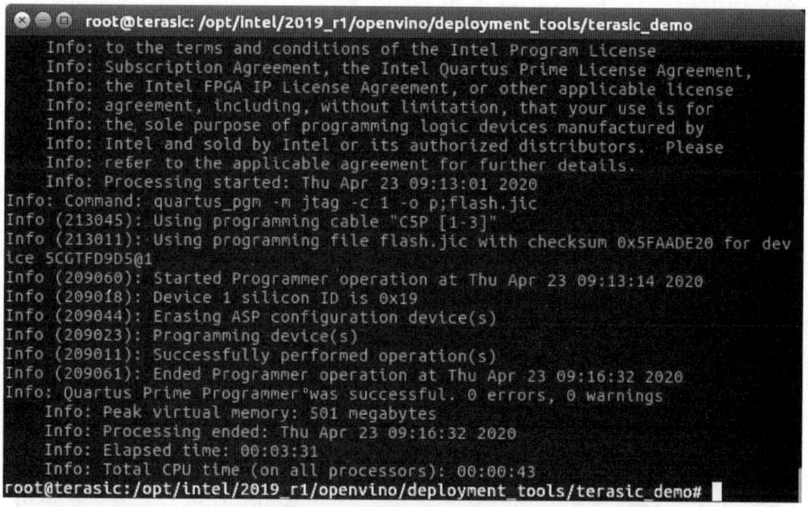

图 11.41　烧录过程界面

（6）烧录完成后关掉 PC 与 Starter Platform 板卡，然后开启 PC。

（7）在桌面右击打开命令行终端，输入 sudo su 命令切换至超级用户。

（8）输入 lspci | grep Altera 命令检查是否可以通过 PCIe 连接到 Starter Platform 板卡，如图 11.42 所示。如果不行，请重新安装 PCIe 驱动程序。

图 11.42　检查 PCIe 能否连接到 TSP 板卡

11.2.5　Starter Platform 环境配置

首先切换至 terasic_demo 目录，输入 source setup_board_tsp.sh 命令去配置 TSP 板卡，安装相应驱动，如图 11.43 所示。

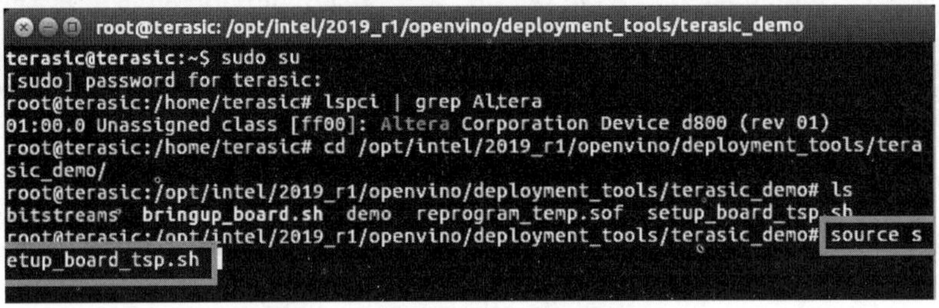

图 11.43　配置 TSP 板卡

然后输入 y 执行安装，如图 11.44 所示。

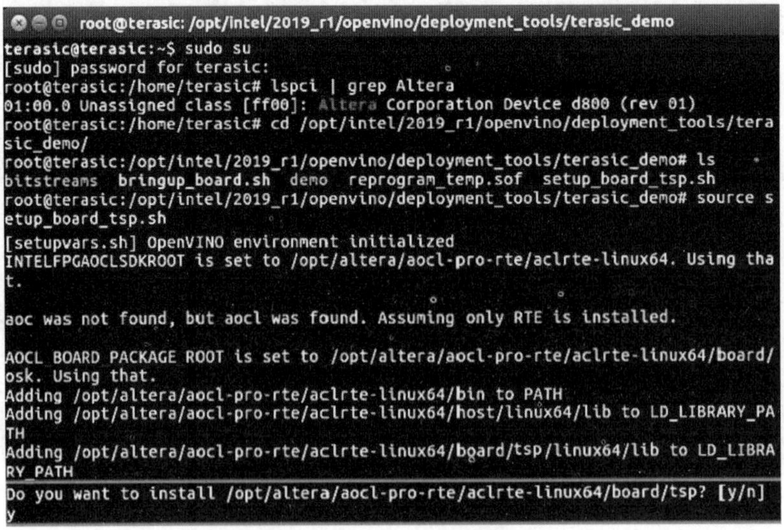

图 11.44　安装 TSP 板卡驱动

板卡配置完成，如图 11.45 所示。

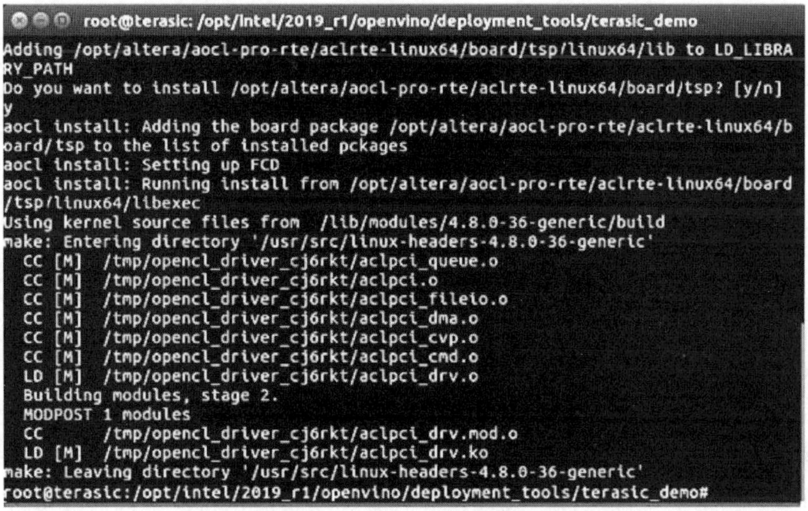

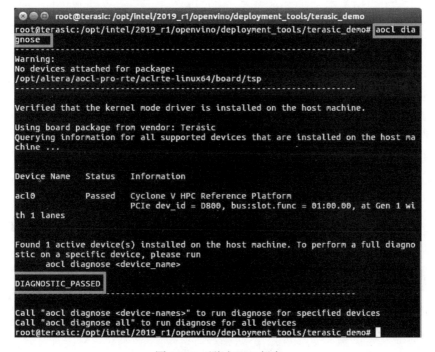

图 11.45　TSP 板卡配置完成界面

最后，输入 aocl diagnose 命令去测试 Starter Platform 板卡是否能够正常使用，如图 11.46 所示。

图 11.46　测试 TSP 板卡

11.3 OpenVINO 模型优化器

模型优化器（Model Optimizer）是一个跨平台的命令行工具，可以方便在训练和部署环境之间进行转换，执行静态模型分析，调整深度学习模型，以便在异构加速设备上实现最佳执行。具体而言，模型优化器可以将在 Caffe、TensorFlow、MxNet 等 OpenVINO 支持的框架上训练好的网络模型作为输入，对模型进行分析优化，然后以中间表示（IR）形式作为输出。中间表示包含描述优化后的模型的两个文件：.xml 文件（描述网络拓扑）与 .bin 文件（包含权重和偏差二进制数据）。

模型优化器具有优化网络模型与生成有效的中间表示两个主要职能。如果生成的中间表示文件无效，那么推理引擎将无法异构部署运行。网络模型优化则是通过对模型进行适当优化，使得其在目标异构平台上能够更快、更好地实现推理过程，优化支持 MobileNet V1~V2、Inception V1~V4、ResNet、DenseNet、DeepSpeech、Faster R-CNN Inception、Faster R-CNN ResNet、Mask R-CNN Inception、SSD MobileNet 与 SSD Lite MobileNet 等多种网络模型。网络模型优化包括线性运算融合、步长优化与模型裁剪等多种优化方式。例如，可以将 Caffe ResNet-269 中的 BatchNorm 与 ScaleShift 通过线性融合方式融入卷积层，减少网络层数以加速推理，优化过程如图 11.47a 所示。也可以将 Caffe ResNet-50 中的步长优化为 2，增加池化层，优化过程如图 11.47b 所示。

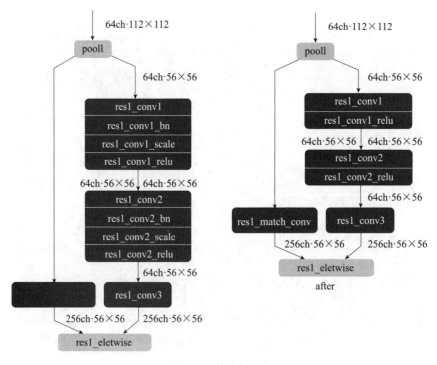

a）线性运算融合优化

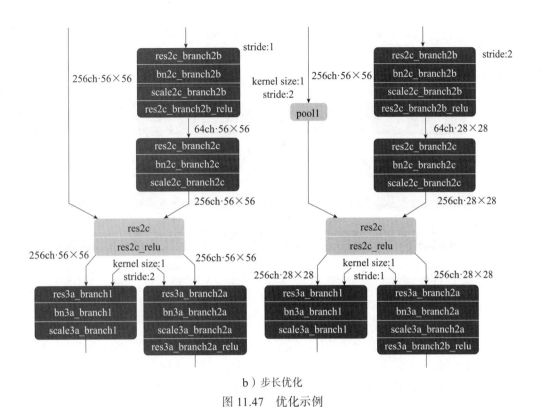

b）步长优化

图 11.47　优化示例

模型优化器具体优化转换过程示例如下：

（1）输入 cd /opt/intel/2019_r1/openvino/deployment_tools/model_optimizer 命令，切换到 model_optimizer 文件夹；

（2）输入

```
python3.5 mo_caffe.py \
--input_model /opt/intel/2019_r1/openvino/deployment_tools/terasic_demo/demo/\
model/caffe/squeezenet1.1/squeezenet1.1.caffemodel \
--output_dir /opt/intel/2019_r1/openvino/deployment_tools/terasic_demo/demo/my_ir \
--data_type FP16
```

命令完成模型中间表示文件生成。这里是在 Python 环境下通过执行 mo_caffe.py 工具脚本将在 Caffe 框架下训练好的 squeezenet1.1 网络模型优化并转换为 IR 文件，输出至 my_ir 目录里。

11.4　OpenVINO 推理引擎

OpenVINO 推理引擎（Inference Engine）是一个 C＋＋函数库，用来在异构设备上部署网络模型，送入输入数据（图像）并返回推理结果。C＋＋库提供专用 API 来读取 IR 格式中间表示，设置输入和输出格式，构建插件将网络模型部署到异构设备，实现模型推理过程。推理引擎使用插件架构，每个插件都实现统一的 API，插件详细架构如图 11.48 所示。

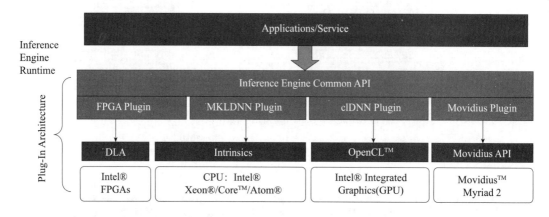

图 11.48　推理引擎使用的插件架构

　　每个支持的目标设备都有一个插件，每个插件都是一个 DLL/ 共享库。异构插件允许你跨设备分配计算工作负载。需要确保这些库在主机 PC 的路径中指定，或者在指向插件加载器的位置指定。此外，每个插件的相关库必须包含在 LD_LIBRARY_PATH 中。当推理引擎调用基于 FPGA 的 DLA 插件时，将调用 DLA 运行库软件层以使用 DLA API。这些 API 将被转换为在 FPGA 设备上执行的相应模块。

　　推理引擎详细工作流程如图 11.49 所示，包括载入硬件插件、读取 IR 文件、配置输入输出、载入模型、创建 InferRequest、准备输入数据、执行推理计算与处理模型输出等步骤，每个步骤具体内容如下：

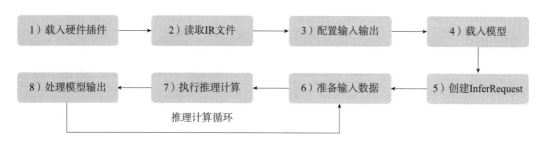

图 11.49　推理引擎工作流程

1）载入硬件插件

　　加载用于推理引擎的插件。使用 InferenceEngine::PluginDispatcher 插件加载助手类创建插件，为每个设备加载配置特定于这个设备的插件，示例代码如图 11.50 所示。

```
// ------------------------------ Parsing and validation of input args -------------------------------
if (!ParseAndCheckCommandLine(argc, argv)) {
    return 0;
}

/** This vector stores paths to the processed images **/
std::vector<std::string> imageNames;
parseImagesArguments(imageNames);
if (imageNames.empty()) throw std::logic_error("No suitable images were found");
// -------------------------------------------------------------------------------------------------------

// ------------------------------ 1. Load Plugin for inference engine -------------------------------
slog::info << "Loading plugin" << slog::endl;
InferencePlugin plugin = PluginDispatcher({ FLAGS_pp, "../../../lib/intel64" , "" }).getPluginByDevice(FLAGS_d);

/** Loading default extensions **/
if (FLAGS_d.find("CPU") != std::string::npos) {
    /**
     * cpu_extensions library is compiled from "extension" folder containing
     * custom MKLDNNPlugin layer implementations. These layers are not supported
     * by mkldnn, but they can be useful for inferring custom topologies.
     **/
    plugin.AddExtension(std::make_shared<Extensions::Cpu::CpuExtensions>());
}

if (!FLAGS_l.empty()) {
    // CPU(MKLDNN) extensions are loaded as a shared library and passed as a pointer to base extension
    auto extension_ptr = make_so_pointer<IExtension>(FLAGS_l);
    plugin.AddExtension(extension_ptr);
    slog::info << "CPU Extension loaded: " << FLAGS_l << slog::endl;
}
if (!FLAGS_c.empty()) {
    // clDNN Extensions are loaded from an .xml description and OpenCL kernel files
    plugin.SetConfig({{PluginConfigParams::KEY_CONFIG_FILE, FLAGS_c}});
    slog::info << "GPU Extension loaded: " << FLAGS_c << slog::endl;
}

/** Setting plugin parameter for collecting per layer metrics **/
if (FLAGS_pc) {
    plugin.SetConfig({ { PluginConfigParams::KEY_PERF_COUNT, PluginConfigParams::YES } });
}

/** Printing plugin version **/
printPluginVersion(plugin, std::cout);
// -------------------------------------------------------------------------------------------------------
```

图 11.50　载入硬件插件示例代码

2）读取 IR 文件

使用推理引擎中 CNNNetReader 类的对象 networkReader，调用 ReadNetwork() 与 ReadWeights() 将中间表示 IR 文件读入，并调用 getNetwork() 将网络模型输入到内存网络类 CNNNetwork 的对象 network 中，示例代码如图 11.51 所示。

```
// ------------------------------ 2. Read IR Generated by ModelOptimizer (.xml and .bin files) ---
std::string binFileName = fileNameNoExt(FLAGS_m) + ".bin";
slog::info << "Loading network files:"
        "\n\t" << FLAGS_m <<
        "\n\t" << binFileName <<
slog::endl;

CNNNetReader networkReader;
/** Reading network model **/
networkReader.ReadNetwork(FLAGS_m);

/** Extracting model name and loading weights **/
networkReader.ReadWeights(binFileName);
CNNNetwork network = networkReader.getNetwork();
// -------------------------------------------------------------------------------------------------------
```

图 11.51　读取 IR 文件示例代码

3）配置输入输出

加载网络后，使用 CNNNetwork 类的对象 network 调用 getInputInfo() 和 getOutputInfo() 指定输入和输出精度以及网络布局，示例代码如图 11.52 所示。

```
// ------------------------ 3. Configure input & output ----------------------------
// ------------------------ Prepare input blobs ------------------------------------
slog::info << "Preparing input blobs" << slog::endl;

/** Taking information about all topology inputs **/
InputsDataMap inputInfo = network.getInputsInfo();

if (inputInfo.size() != 1) throw std::logic_error("Sample supports topologies only with 1 input");
auto inputInfoItem = *inputInfo.begin();

/** Specifying the precision and layout of input data provided by the user.
 * This should be called before load of the network to the plugin **/
inputInfoItem.second->setPrecision(Precision::U8);
inputInfoItem.second->setLayout(Layout::NCHW);

std::vector<std::shared_ptr<unsigned char>> imagesData;
for (auto & i : imageNames) {
    FormatReader::ReaderPtr reader(i.c_str());
    if (reader.get() == nullptr) {
        slog::warn << "Image " + i + " cannot be read!" << slog::endl;
        continue;
    }
    /** Store image data **/
    std::shared_ptr<unsigned char> data(
            reader->getData(inputInfoItem.second->getTensorDesc().getDims()[3],
                            inputInfoItem.second->getTensorDesc().getDims()[2]));
    if (data.get() != nullptr) {
        imagesData.push_back(data);
    }
}
if (imagesData.empty()) throw std::logic_error("Valid input images were not found!");

/** Setting batch size using image count **/
network.setBatchSize(imagesData.size());
size_t batchSize = network.getBatchSize();
slog::info << "Batch size is " << std::to_string(batchSize) << slog::endl;
```

图 11.52　配置输入输出示例代码

4）载入模型

使用插件接口包装类 InferencePlugin 的对象 plugin 调用 LoadNetwork() 来编译和加载网络模型，并为该编译和加载操作传入每个目标的加载配置，示例代码如图 11.53 所示。

```
// ------------------------ 4. Loading model to the plugin --------------
slog::info << "Loading model to the plugin" << slog::endl;

ExecutableNetwork executable_network = plugin.LoadNetwork(network, {});
inputInfoItem.second = {};
outputInfo = {};
network = {};
networkReader = {};
// ----------------------------------------------------------------
```

图 11.53　载入模型示例代码

5）创建 InferRequest

使用 ExecutableNetwork 对象调用 CreateInferRequest() 创建一个推理请求 InferRequest，示例代码如图 11.54 所示。

```
// -------------------------- 5. Create infer request ----------------
InferRequest infer_request = executable_network.CreateInferRequest();
// -------------------------------------------------------------------
```

图 11.54　创建 InferRequest 示例代码

6）准备输入数据

在该推理请求中，将向输入缓冲区发出信号，以用于输入和输出。指定一个设备分配的内存并将其直接复制到设备内存中，或者告诉设备使用你的应用程序内存来保存一个副本。可以通过使用 InferRequest 类的对象 infer_request 调用 GetBlob() 来完成，示例代码如图 11.55 所示。

```
// -------------------------- 6. Prepare input -----------------------------------------------
/** Iterate over all the input blobs **/
for (const auto & item : inputInfo) {
    /** Creating input blob **/
    Blob::Ptr input = infer_request.GetBlob(item.first);

    /** Filling input tensor with images. First b channel, then g and r channels **/
    size_t num_channels = input->getTensorDesc().getDims()[1];
    size_t image_size = input->getTensorDesc().getDims()[2] * input->getTensorDesc().getDims()[3];

    auto data = input->buffer().as<PrecisionTrait<Precision::U8>::value_type*>();

    /** Iterate over all input images **/
    for (size_t image_id = 0; image_id < imagesData.size(); ++image_id) {
        /** Iterate over all pixel in image (b,g,r) **/
        for (size_t pid = 0; pid < image_size; pid++) {
            /** Iterate over all channels **/
            for (size_t ch = 0; ch < num_channels; ++ch) {
                /**          [images stride + channels stride + pixel id ] all in bytes          **/
                data[image_id * image_size * num_channels + ch * image_size + pid] = imagesData.at(image_id).get()[pid*num_channels + ch];
            }
        }
    }
}
inputInfo = {};
// ------------------------------------------------------------------------------------------
```

图 11.55　准备输入数据示例代码

7）执行推理计算

使用 InferRequest 类的对象 infer_request 调用 Infer() 来完成模型推理运算，示例代码如图 11.56 所示。

```
// -------------------------- 7. Do inference ---------------------------------------------------
slog::info << "Starting inference (" << FLAGS_ni << " iterations)" << slog::endl;

typedef std::chrono::high_resolution_clock Time;
typedef std::chrono::duration<double, std::ratio<1, 1000>> ms;
typedef std::chrono::duration<float> fsec;

double total = 0.0;
/** Start inference & calc performance **/
for (int iter = 0; iter < FLAGS_ni; ++iter) {
    auto t0 = Time::now();
    infer_request.Infer();
    auto t1 = Time::now();
    fsec fs = t1 - t0;
    ms d = std::chrono::duration_cast<ms>(fs);
    total += d.count();
}

/** Show performance results **/
slog::info << "Average running time of one iteration: " << total / static_cast<double>(FLAGS_ni) << " ms" << slog::endl;

if (FLAGS_pc) {
    printPerformanceCounts(infer_request, std::cout);
}
// ------------------------------------------------------------------------------------------
```

图 11.56　执行推理计算示例代码

8）处理模型输出

在推理完成后读取内存中模型的输出数据，通过使用 InferRequest 类的对象 infer_request 调用 GetBlob() 来完成，示例代码如图 11.57 所示。

```
// ---------------------------- 8. Process output ----------------------------
slog::info << "Processing output blobs" << slog::endl;

const Blob::Ptr output_blob = infer_request.GetBlob(firstOutputName);
auto output_data = output_blob->buffer().as<PrecisionTrait<Precision::FP32>::value_type*>();

/** Validating -nt value **/
const int resultsCnt = output_blob->size() / batchSize;
if (FLAGS_nt > resultsCnt || FLAGS_nt < 1) {
    slog::warn << "-nt " << FLAGS_nt << " is not available for this network (-nt should be less than " \
            << resultsCnt+1 << " and more than 0)\n                  will be used maximal value : " << resultsCnt;
    FLAGS_nt = resultsCnt;
}

/** This vector stores id's of top N results **/
std::vector<unsigned> results;
TopResults(FLAGS_nt, *output_blob, results);

std::cout << std::endl << "Top " << FLAGS_nt << " results:" << std::endl << std::endl;

/** Read labels from file (e.x. AlexNet.labels) **/
bool labelsEnabled = false;
std::string labelFileName = fileNameNoExt(FLAGS_m) + ".labels";
std::vector<std::string> labels;

std::ifstream inputFile;
inputFile.open(labelFileName, std::ios::in);
if (inputFile.is_open()) {
    std::string strLine;
    while (std::getline(inputFile, strLine)) {
        trim(strLine);
        labels.push_back(strLine);
    }
    labelsEnabled = true;
}
```

图 11.57　处理模型输出示例代码

CHAPTER 12

第 12 章

基于 OpenVINO 的 FPGA 深度学习加速应用案例

本章主要介绍一个基于 OpenVINO 的 FPGA 深度学习加速应用案例。通过案例分析，希望读者掌握基于 OpenVINO 的 FPGA 深度学习加速实现方法，掌握模型优化器的使用方法、推理引擎应用程序的设计思想与方法，提高采用 OpenVINO 工具在 FPGA 上完成复杂深度神经网络模型部署并实施推理的工程实践能力。

12.1 整体描述

本应用案例使用 OpenVINO 工具将 squeezenet 网络模型部署到 TSP FPGA 上，快速完成网络模型推理，实现目标识别功能，对从事目标检测与识别加速工作的读者具有很强的借鉴意义。

具体实现过程为：首先利用 OpenVINO 模型优化器对训练好的 squeezenet 网络模型进行优化，并转换成中间表示 IR 文件输出；接着利用 OpenVINO 推理引擎加载优化后的 squeezenet 网络模型至 FPGA 中，并送入原始图像完成异构模型推理，实现目标识别功能；最后将前 10 项概率较高的识别结果打印至屏幕。

12.2 中间表示 IR 生成

本节讲述如何使用模型优化器从预下载的 Caffe 模型文件"squeezenet1.1"中获取将被推理引擎应用程序使用的 IR 参数，生成 IR 中间表示文件。具体步骤如下：

（1）输入 cd /opt/intel/2019_r1/openvino/deployment_tools/terasic_demo/demo/model/ caffe/

切换至下载的模型文件夹中。

（2）输入 ls 查看文件夹中的文件信息，里面包含 bvlc_alexnet、squeezenet1.1 和 SSD_GoogLeNetV2 模型。

（3）输入 cd squeezenet1.1，选择对应的文件夹，如图 12.1 所示。

```
root@openvino2019R1:/opt/intel/2019_r1/openvino/deployment_tools/terasic_demo/demo#
 cd /opt/intel/2019_r1/openvino/deployment_tools/terasic_demo/demo/model/caffe/
root@openvino2019R1:/opt/intel/2019_r1/openvino/deployment_tools/terasic_demo/demo/
model/caffe# ls
bvlc_alexnet  squeezenet1.1  SSD_GoogleNetV2
root@openvino2019R1:/opt/intel/2019_r1/openvino/deployment_tools/terasic_demo/demo/
model/caffe# cd squeezenet1.1/
```

图 12.1　切换至 squeezenet1.1 目录

（4）输入 ls，可以看到该模型由三个文件组成，如图 12.2 所示。

❑ squeezenet1.1.caffemodel，描述已训练好的模型的权值和偏置值；

❑ squeezenet1.1.labels，分类模型的标签文件；

❑ squeezenet1.1.prototxt，模型结构的描述文件。

```
model/caffe/squeezenet1.1# ls
squeezenet1.1.caffemodel  squeezenet1.1.prototxt
squeezenet1.1.labels
root@openvino2019R1:/opt/intel/2019_r1/openvino/deployment_tools/terasic_demo/demo/
model/caffe/squeezenet1.1#
```

图 12.2　squeezenet 模型组成

（5）返回 demo 文件夹。

（6）输入 mkdir my_ir 创建文件夹以保存 IR 文件，如图 12.3 所示。

```
root@openvino2019R1:/opt/intel/2019_r1/openvino/deployment_tools/terasic_demo/demo
/model/caffe/squeezenet1.1# cd ../../../
root@openvino2019R1:/opt/intel/2019_r1/openvino/deployment_tools/terasic_demo/demo
# mkdir my_ir
```

图 12.3　创建 my_ir 文件夹

（7）输入 cd /opt/intel/2019_r1/openvino/deployment_tools/model_optimizer 切换至 model_optimizer 文件夹。

（8）输入

```
python3.5 mo_caffe.py \
--input_model /opt/intel/2019_r1/openvino/deployment_tools/terasic_demo/demo/ \
model/caffe/squeezenet1.1/squeezenet1.1.caffemodel \
--output_dir /opt/intel/2019_r1/openvino/deployment_tools/terasic_demo/demo/ my_
ir \
--data_type FP16
```

生成 IR 中间表示文件，如图 12.4 所示。

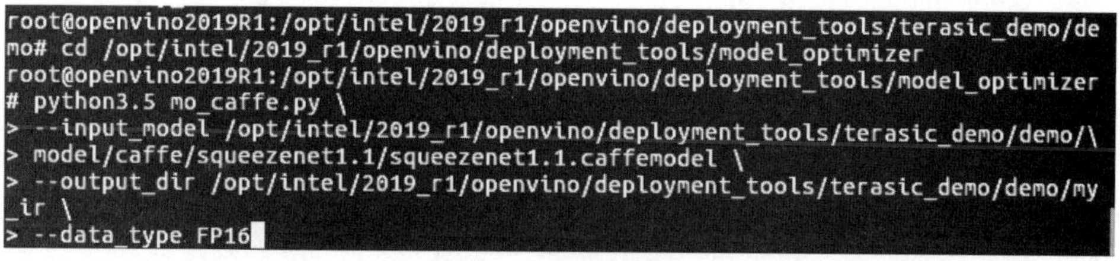

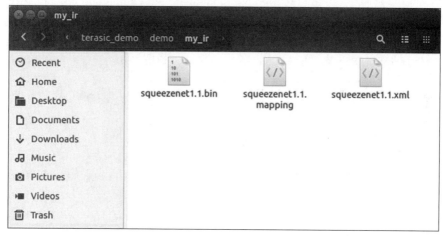

图 12.4　生成 IR 文件

（9）执行完成之后，在 my_ir 文件夹中生成对应的 IR 文件，如图 12.5 所示。

图 12.5　IR 文件组成

（10）输入

```
cp\
/opt/intel/2019_r1/openvino/deployment_tools/terasic_demo/demo/\
model/caffe/squeezenet1.1/squeezenet1.1.labels \
/opt/intel/2019_r1/openvino/deployment_tools/terasic_demo/demo/my_ir/
```

命令，将 .labels 文件从 model 文件夹复制到 my_ir 文件夹，如图 12.6 所示。

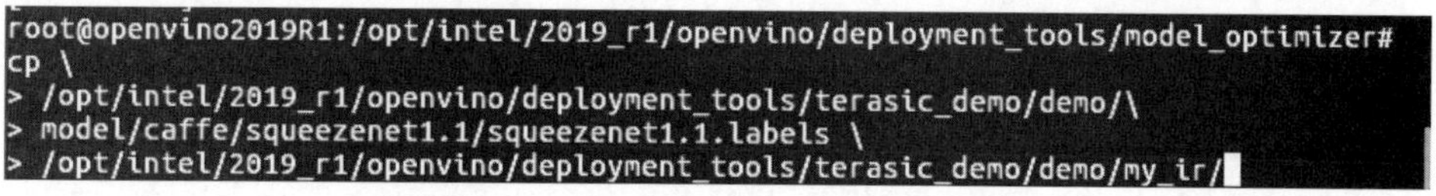

图 12.6　复制 .labels 文件至 my_ir 文件夹

12.3　推理引擎程序设计

推理引擎应用程序要完成加载插件、读取 IR 文件、配置输入/输出、编译加载模型、

创建推理请求、准备输入数据、执行推理运算与获取模型输出等内容，具体代码 main.cpp
如下：

```cpp
#include <fstream>
#include <vector>
#include <chrono>
#include <memory>
#include <string>
#include <limits>

#include <inference_engine.hpp>
#include <ext_list.hpp>
#include <format_reader_ptr.h>

#include <samples/common.hpp>
#include <samples/slog.hpp>
#include <samples/args_helper.hpp>
#include <samples/classification_results.h>

#include "classification_sample.h"

using namespace InferenceEngine;

ConsoleErrorListener error_listener;

bool ParseAndCheckCommandLine(int argc, char *argv[]) {
    // --------------------------Parsing and validation of input
args------------------------------------
    gflags::ParseCommandLineNonHelpFlags(&argc, &argv, true);
    if (FLAGS_h) {
        showUsage();
        return false;
    }
    slog::info << "Parsing input parameters" << slog::endl;

    if (FLAGS_ni < 1) {
        throw std::logic_error("Parameter -ni should be greater than zero
(default 1)");
    }

    if (FLAGS_i.empty()) {
```

```
        throw std::logic_error("Parameter -i is not set");
    }

    if (FLAGS_m.empty()) {
        throw std::logic_error("Parameter -m is not set");
    }

    return true;
}

int main(int argc, char *argv[]) {
    try {
        slog::info << "InferenceEngine: " << GetInferenceEngineVersion() <<
slog::endl;

        //----------------------------- Parsing and validation of input
    args -----------------------------
        if (!ParseAndCheckCommandLine(argc, argv)) {
            return 0;
        }

        /** This vector stores paths to the processed images **/
        std::vector<std::string> imageNames;
        parseInputFilesArguments(imageNames);
        if (imageNames.empty()) throw std::logic_error("No suitable images were
found");
        //-------------------------------------------------------------------
-----------------------------

        // ------------------------- 1. Load Plugin for inference engine
-----------------------------------
        slog::info << "Loading plugin" << slog::endl;
        InferencePlugin plugin = PluginDispatcher({ FLAGS_pp
            }).getPluginByDevice(FLAGS_d);
        if (FLAGS_p_msg) {
    static_cast<InferenceEngine::InferenceEnginePluginPtr>(plugin)->
     SetLogCallback(error_listener);
        }

        /** Loading default extensions **/
```

```cpp
    if (FLAGS_d.find("CPU") != std::string::npos) {
        /**
        * cpu_extensions library is compiled from "extension"
         folder containing
        * custom MKLDNNPlugin layer implementations. These layers are not
         supported
        * by mkldnn, but they can be useful for inferring custom
         topologies.
        **/
        plugin.AddExtension(std::make_shared<Extensions::Cpu::CpuExtensions>());
    }


    if (!FLAGS_l.empty()) {
        // CPU(MKLDNN) extensions are loaded as a shared library and passed as
a pointer to base extension
        auto extension_ptr = make_so_pointer<IExtension>(FLAGS_l);
        plugin.AddExtension(extension_ptr);
        slog::info << "CPU Extension loaded: " << FLAGS_l << slog::endl;
    }
    if (!FLAGS_c.empty()) {
        // clDNN Extensions are loaded from an .xml description and OpenCL kernel files
        plugin.SetConfig({{PluginConfigParams::KEY_CONFIG_FILE, FLAGS_c}});
        slog::info << "GPU Extension loaded: " << FLAGS_c << slog::endl;
    }


    /** Setting plugin parameter for collecting per layer metrics **/
    if (FLAGS_pc) {
        plugin.SetConfig({ { PluginConfigParams::KEY_PERF_COUNT,
PluginConfigParams::YES } });
    }
    /** Printing plugin version **/
    printPluginVersion(plugin, std::cout);
    // ------------------------------------------------------------
-------------------------------------------


    // -------------------------- 2. Read IR Generated by ModelOptimizer (.xml
and .bin files) ------------
    std::string binFileName = fileNameNoExt(FLAGS_m) + ".bin";
    slog::info << "Loading network files:"
            "\n\t" << FLAGS_m <<
```

```
                    "\n\t" << binFileName <<
     slog::endl;

     CNNNetReader networkReader;
     /** Reading network model **/
     networkReader.ReadNetwork(FLAGS_m);

     /** Extracting model name and loading weights **/
     networkReader.ReadWeights(binFileName);
     CNNNetwork network = networkReader.getNetwork();
     // ----------------------------------------------------------------
-------------------------------------

     // -------------------------- 3.Configure input & output ---------------
-------------------------------

     // --------------------------Prepare input blobs--------------------
-------------------------------
     slog::info << "Preparing input blobs" << slog::endl;

     /** Taking information about all topology inputs **/
     InputsDataMap inputInfo = network.getInputsInfo();
     if (inputInfo.size() != 1) throw std::logic_error("Sample
supports topologies only with 1 input");

     auto inputInfoItem = *inputInfo.begin();

     /** Specifying the precision and layout of input data provided by the user.
      * This should be called before load of the network to the plugin **/
     inputInfoItem.second->setPrecision(Precision::U8);
     inputInfoItem.second->setLayout(Layout::NCHW);

     std::vector<std::shared_ptr<unsigned char>> imagesData;
     for (auto & i : imageNames) {
         FormatReader::ReaderPtr reader(i.c_str());
         if (reader.get() == nullptr) {
             slog::warn << "Image " + i + " cannot be read!" << slog::endl;
             continue;
         }
         /** Store image data **/
```

```cpp
        std::shared_ptr<unsigned char> data(
                reader->getData(inputInfoItem.second->getTensorDesc().getDims()[3],
                            inputInfoItem.second->getTensorDesc().getDims()[2]));
        if (data.get() != nullptr) {
            imagesData.push_back(data);
        }
    }
    if (imagesData.empty()) throw std::logic_error("Valid input images were
not found!");

    /** Setting batch size using image count **/
    network.setBatchSize(imagesData.size());
    size_t batchSize = network.getBatchSize();
    slog::info << "Batch size is " << std::to_string(batchSize) << slog::endl;

    // ----------------------------- Prepare output blobs
--------------------------------------------------
    slog::info << "Preparing output blobs" << slog::endl;

    OutputsDataMap outputInfo(network.getOutputsInfo());
    // BlobMap outputBlobs;
    std::string firstOutputName;

    for (auto & item : outputInfo) {
        if (firstOutputName.empty()) {
            firstOutputName = item.first;
        }
        DataPtr outputData = item.second;
        if (!outputData) {
            throw std::logic_error("output data pointer is not valid");
        }

        item.second->setPrecision(Precision::FP32);
    }

    const SizeVector outputDims = outputInfo.begin()->second->getDims();

    bool outputCorrect = false;
    if (outputDims.size() == 2 /* NC */) {
        outputCorrect = true;
```

```
        } else if (outputDims.size() == 4 /* NCHW */) {
            /* H = W = 1 */
            if (outputDims[2] == 1 && outputDims[3] == 1) outputCorrect = true;
        }

        if (!outputCorrect) {
            throw std::logic_error("Incorrect output dimensions for classification model");
        }
        // -----------------------------------------------------------------
        // -----------------------------------

        // ------------------------- 4. Loading model to the plugin ----
        // -----------------------------------
        slog::info << "Loading model to the plugin" << slog::endl;

        ExecutableNetwork executable_network = plugin.LoadNetwork(network, {});
        inputInfoItem.second = {};
        outputInfo = {};
        network = {};
        networkReader = {};
        // -----------------------------------------------------------------
        // -----------------------------------

        // ------------------------- 5. Create infer request -----------
        // -----------------------------------
        InferRequest infer_request = executable_network.CreateInferRequest();
        // -----------------------------------------------------------------
        // -----------------------------------

        // ------------------------- 6. Prepare input ----------------
        // -----------------------------------
        /** Iterate over all the input blobs **/
        for (const auto & item : inputInfo) {
            /** Creating input blob **/
            Blob::Ptr input = infer_request.GetBlob(item.first);

            /** Filling input tensor with images. First b channel, then g and r
channels **/
            size_t num_channels = input->getTensorDesc().getDims()[1];
            size_t image_size = input->getTensorDesc().getDims()[2] *
```

```
    input->getTensorDesc().getDims()[3];

            auto data = input->buffer().as<PrecisionTrait<Precision::U8>::value_
type*>();

            /** Iterate over all input images **/
            for (size_t image_id = 0; image_id < imagesData.size(); ++image_id) {
                /** Iterate over all pixel in image (b,g,r) **/
                for (size_t pid = 0; pid < image_size; pid++) {
                    /** Iterate over all channels **/
                    for (size_t ch = 0; ch < num_channels; ++ch) {
                        /**     [images stride + channels stride + pixel id ] all in bytes
    **/
                        data[image_id * image_size * num_channels + ch * image
_size + pid ] = imagesData.at(image_id).get()[pid*num_channels + ch];
                    }
                }
            }
        }
    inputInfo = {};
    // -------------------------------------------------------------------
-------

    // -------------------------------- 7. Do inference -------------------
--------

    slog::info << "Starting inference (" << FLAGS_ni << " iterations)" << slog::endl;

    typedef std::chrono::high_resolution_clock Time;
    typedef std::chrono::duration<double, std::ratio<1, 1000>> ms;
    typedef std::chrono::duration<float> fsec;

    double total = 0.0;
    /** Start inference & calc performance **/
    for (size_t iter = 0; iter < FLAGS_ni; ++iter) {
        auto t0 = Time::now();
        infer_request.Infer();
        auto t1 = Time::now();
        fsec fs = t1 - t0;
        ms d = std::chrono::duration_cast<ms>(fs);
        total += d.count();
    }
```

```
    // -------------------------------------------------------------

    // --------------------------- 8. Process output --------------------
    slog::info << "Processing output blobs" << slog::endl;

    const Blob::Ptr output_blob = infer_request.GetBlob(firstOutputName);

    /** Validating -nt value **/
    const size_t resultsCnt = output_blob->size() / batchSize;
    if (FLAGS_nt > resultsCnt || FLAGS_nt < 1) {
        slog::warn << "-nt " << FLAGS_nt << " is not available for this network
(-nt should be less than " \
                        << resultsCnt+1 << " and more than 0)\n    will be used
maximal value : " << resultsCnt;
        FLAGS_nt = resultsCnt;
    }

    /** Read labels from file (e.x. AlexNet.labels) **/
    std::string labelFileName = fileNameNoExt(FLAGS_m) + ".labels";
    std::vector<std::string> labels;

    std::ifstream inputFile;
    inputFile.open(labelFileName, std::ios::in);
    if (inputFile.is_open()) {
        std::string strLine;
        while (std::getline(inputFile, strLine)) {
            trim(strLine);
            labels.push_back(strLine);
        }
    }

    ClassificationResult classificationResult(output_blob, imageNames,
                                              batchSize, FLAGS_nt,
                                              labels);
    classificationResult.print();

    // -------------------------------------------------------------
    if (std::fabs(total) < std::numeric_limits<double>::epsilon()) {
        throw std::logic_error("total can't be equal to zero");
    }
```

```
        std::cout << std::endl << "total inference time: " << total << std::endl;
        std::cout << "Average running time of one iteration: " << total / static_
cast<double>(FLAGS_ni) << " ms" << std::endl;

        std::cout << std::endl << "Throughput: " << 1000 * static_cast<double>
(FLAGS_ni) * batchSize / total << " FPS" << std::endl;

        std::cout << std::endl;


        /** Show performance results **/
        if (FLAGS_pc) {
            printPerformanceCounts(infer_request, std::cout);
        }
    }
    catch (const std::exception& error) {
        slog::err << "" << error.what() << slog::endl;
        return 1;
    }
    catch (...) {
        slog::err << "Unknown/internal exception happened." << slog::endl;
        return 1;
    }
    slog::info << "Execution successful" << slog::endl;
    return 0;
}
```

12.4　执行与结果分析

本节讲述如何编译并执行推理引擎应用程序，完成目标分类与识别任务。具体过程如下：

（1）输入 cd opt/intel/2019_r1/openvino/deployment_tools/inference_engine/samples 切换到推理引擎 samples 文件夹下。

（2）输入 cp -r classification_sample my_classification_sample。

（3）输入 cd my_classification_sample 切换到新的应用文件夹下，如图 12.7 所示。

```
root@openvino2019R1:/opt/intel/2019_r1/openvino/deployment_tools/model_optimizer#
cd ../inference_engine/samples
root@openvino2019R1:/opt/intel/2019_r1/openvino/deployment_tools/inference_engine/
samples# cp -r classification_sample my_classification_sample
root@openvino2019R1:/opt/intel/2019_r1/openvino/deployment_tools/inference_engine/
samples# cd my_classification_sample/
```

图 12.7　切换至 my_classification_sample 文件夹

（4）输入 gedit CMakeLists.txt 打开文件，将 target_name 重命名为 my_classification_sample，保存并关闭文件，如图 12.8 所示。

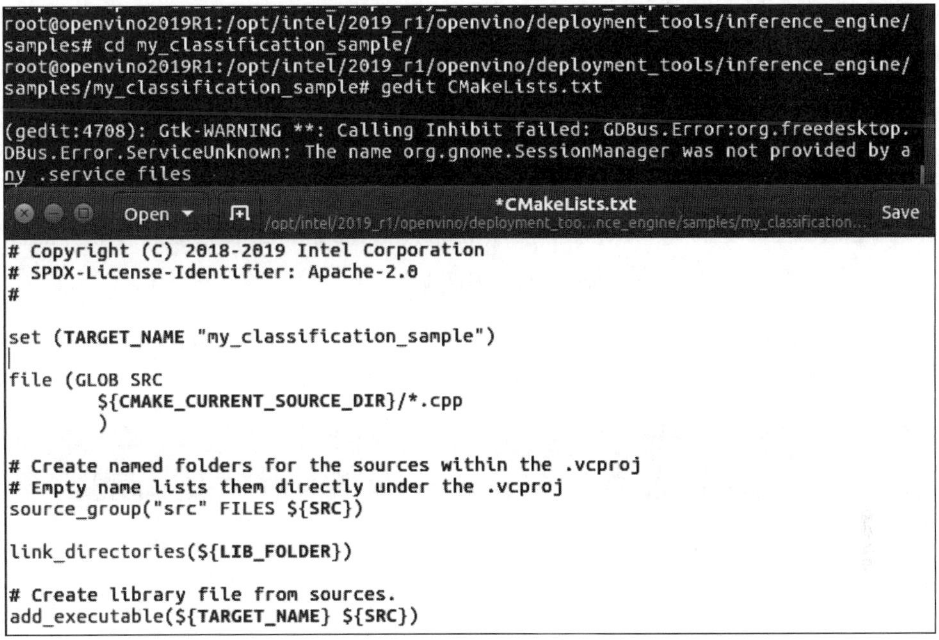

图 12.8 编辑 CMakeLists.txt

（5）输入 cd ../ 返回到 sample 文件夹。

（6）输入 mkdir my_build，创建新文件夹以保存生成的可执行程序。

（7）输入 cd my_build 切换到工作目录，如图 12.9 所示。

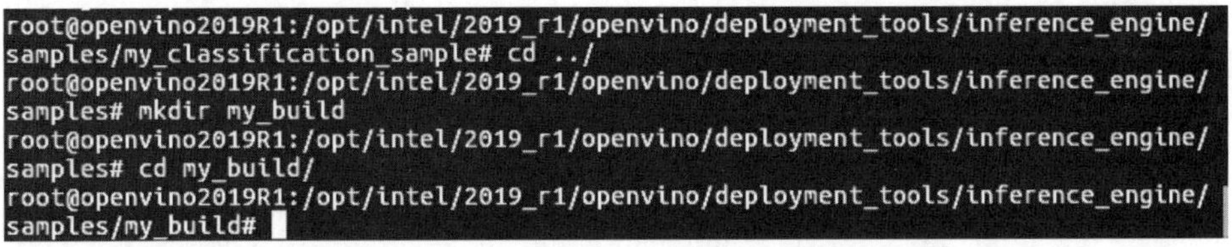

图 12.9 切换至 my_build 文件夹

（8）输入

```
cmake -DCMAKE_BUILD_TYPE=Release \
/opt/intel/2019_r1/openvino/deployment_tools/inference_engine/samples/
```

命令，生成用于编译的 makefile 文件，如图 12.10 所示。

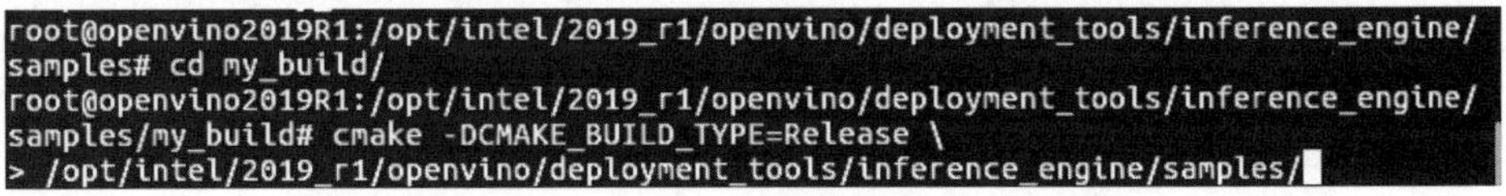

图 12.10 生成用于编译的 makefile 文件

（9）输入 make 编译应用程序，请耐心等待编译过程的执行。当前的编译设置将把 samples 文件夹中的所有应用程序编译为可执行程序，如图 12.11 所示。

```
-- Configuring done
-- Generating done
-- Build files have been written to: /opt/intel/2019_r1/openvino/deployment_tools/
inference_engine/samples/my_build
root@openvino2019R1:/opt/intel/2019_r1/openvino/deployment_tools/inference_engine/
samples/my_build# make
```

图 12.11　编译应用程序

（10）在 my_build/intel64/Release/ 目录下，生成相应的 my_classification_sample 可执行程序，并创建应用程序，如图 12.12 所示。

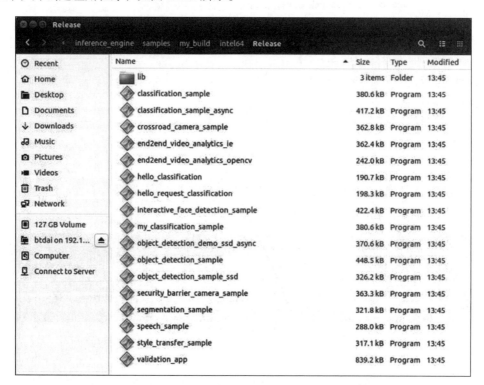

图 12.12　生成 my_classification_sample 可执行程序

（11）输入

```
cd \
/opt/intel/2019_r1/openvino/deployment_tools/inference_engine/samples\
/my_build/intel64/Release
```

切换到应用程序文件夹，如图 12.13 所示。

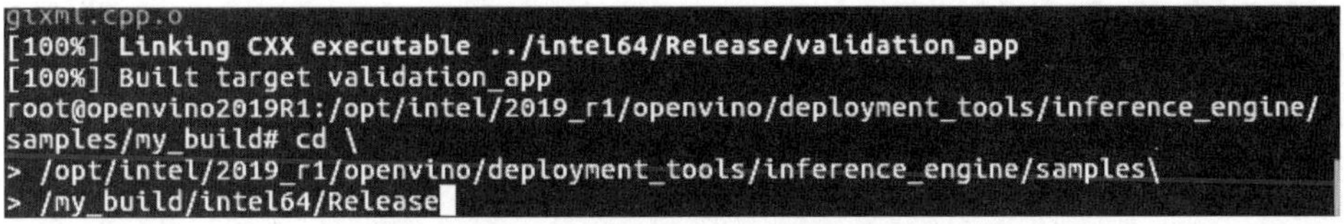

图 12.13　切换至应用程序文件夹

（12）输入

```
./my_classification_sample -i\
/opt/intel/2019_r1/openvino/deployment_tools/terasic_demo/demo/pic_video/car.png \
-m /opt/intel/2019_r1/openvino/deployment_tools/terasic_demo/\
demo/my_ir/squeezenet1.1.xml -d "HETERO:FPGA,CPU"
```

命令执行推理引擎应用程序，如图 12.14 所示。执行结果如图 12.15 所示，显然原始图像为 sports car 的概率最大，约为 83.6%，判断为 sports car。

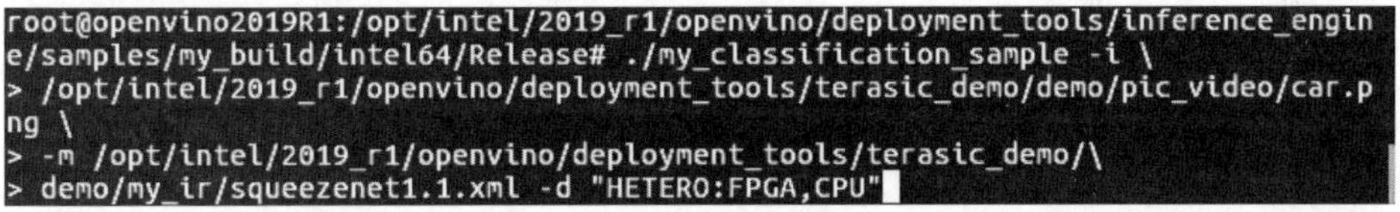

图 12.14　执行应用程序

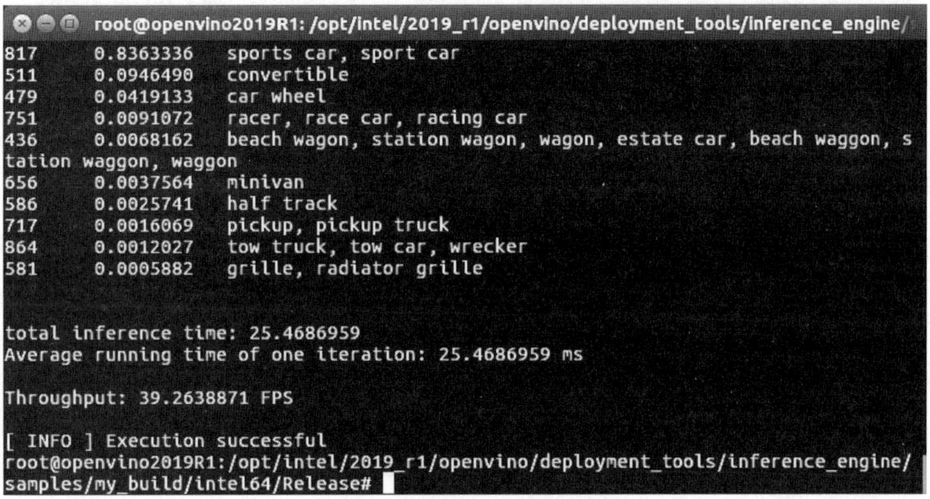

图 12.15　应用程序执行结果

参考文献

[1] HAGAN M T, DEMUTH H B, BEALE M. 神经网络设计 [M]. 戴葵，等译. 北京：机械工业出版社, 2002: 23-59.

[2] LECUN Y, BOTTOU L. Gradient-based learning applied to document recognition[C]// Proceedings of the IEEE, 1998, 86(11): 2278-2324.

[3] KRIZHEVSKY A, SUTSKEVER I, HINTON G. ImageNet classification with deep convolutional neural networks[J]. Advances in neural information processing systems, 2012, 25(2).

[4] SIMONYAN K, ZISSERMAN A. Very deep convolutional networks for large-scale image recognition[J]. Computer science, 2014.

[5] SZEGEDY C, LIU W, JIA Y, et al. Going deeper with convolutions[C] //Proceedings of the IEEE Conference on Computer Vision and Pattern Recognition (CVPR), June 7-12, 2015. Boston, MA, USA: IEEE, 2015.

[6] HE K, ZHANG X, REN S, et al. Deep residual learning for image recognition[C]// Proceedings of the IEEE Conference on Computer Vision and Pattern Recognition (CVPR), June 27-30, 2016. Las Vegas, NV, USA: IEEE, 2016.

[7] GIRSHICK R, DONAHUE J, DARRELL T, et al. Rich feature hierarchies for accurate object detection and semantic segmentation[C]//Proceedings of the IEEE Conference on Computer Vision and Pattern Recognition (CVPR), June 23-28, 2014. Columbus, OH, USA: IEEE, 2014.

[8] GIRSHICK R. Fast R-CNN[C]//Proceedings of the IEEE International Conference on Computer Vision (ICCV), December 7-13, 2015. Santiago, Chile: IEEE, 2015.

[9] REN S, HE K, GIRSHICK R, et al. Faster R-CNN: towards real-time object detection with region proposal networks[J]. IEEE transactions on pattern analysis & machine intelligence, 2017, 39(6):1137-1149.

[10] REDMON J, DIVVALA S, GIRSHICK R, et al. You only look once: unified, real-time object detection[C]//Proceedings of the IEEE Conference on Computer Vision and Pattern Recognition (CVPR), June 27-30, 2016. Las Vegas, NV, USA: IEEE, 2016.

[11] REDMON J, FARHADI A. YOLO9000: better, faster, stronger[C]//Proceedings of the IEEE Conference on Computer Vision and Pattern Recognition (CVPR), July 21-26, 2017. Honolulu, HI, USA: IEEE, 2017.

[12] REDMON J, FARHADI A. YOLOv3: an incremental improvement[C]//Proceedings of the IEEE Conference on Computer Vision and Pattern Recognition (CVPR), June 18-23, 2018. Salt Lake City, UT, USA: IEEE, 2018.

推 荐 阅 读

神经网络与深度学习
作者：邱锡鹏　ISBN：978-7-111-64968-7　定价：149.00元

深度学习进阶：卷积神经网络和对象检测
作者：Umberto Michelucci　ISBN：978-7-111-66092-7　定价：79.00元

TensorFlow 2.0神经网络实践
作者：Paolo Galeone　ISBN：978-7-111-65927-3　定价：89.00元

深度学习：基于案例理解深度神经网络
作者：Umberto Michelucci　ISBN：978-7-111-63710-3　定价：89.00元